KB043726

이런 수학은 처음이야 4

21세기북스

책을 펴내며
미래 지향적인 수학 능력이 필요한 시대

지금까지 우리나라 수학 교육의 주된 방식은 문제를 제시하면 학생들이 정해진 절차를 따라 문제를 해결하고 평가를 통해 결과를 확인한 다음, 수행한 절차를 다시 생각하는 학습 방식이었다.

분초를 다투며 시대가 급변하고 있는 오늘날에는 정해진 답을 구하는 수준 정도의 교육으로는 더 이상 충분하지 않다. 미래 지향적인 수학적 능력이 필요하다. 미래 지향적인 수학적 능력이란 단순히 수학 지식을 습득하는 것뿐만 아니라 수학 지식을 다양한 상황에서 전이할 수 있는 능력을 뜻한다. 이러한 능력은 문제에 대한 비판적 사고와 더불어 자기 생각을 정당화하고 질문하면서 새로운 도전에 대처하는 과정, 여기에 따르는 다양한 시행착오와 이를 통한 반성을 통해 쌓인다. 또 자신의 사고에 대한 확신과 자기 생각에 대한 책임감을 통해 이루어진다.

하지만 우리나라의 수학 교육 참고서 대부분이 학생들에게 수학 공부에 대한 동기를 부여하기보다는 교과서를 보조하는 문제 풀이 참고서라는 점에서 아쉬움을 느껴왔다. 교과서에 있는 내용을 그냥 따라가는 것만으로는 수학 공부에 대한 동기를 부여하는 것은 물론 미래지향적인 수학적 능력을 키우는 데 한계가 있다. 그래서 학생들이 수학을 즐겁게 공부하고 흥미를 느끼는 것에서 시작해 궁극적으로는 미래 지향적인 수학 능력을 키울 수 있는 '이야기'가 담긴 참고서가 필요하다고 생각하게 되었고, 『이런 수학은 처음이야』 시리즈를 쓰게 되었다. 이 책을 통해 학생들이 수학에 흥미를 느끼고 자발적으로 공부하는 동기를 얻기를 바란다.

『이런 수학은 처음이야』 1권과 3권에서 도형의 형태와 속성을 이해하게 하는 기하학 세계를 다루었고, 2권에서는 수 체계의 구조를 이해하게 하는 연산의 세계를 다루었다. 이번

『이런 수학은 처음이야 4』에서는 수식과 방정식에 관한 이야기로 기호의 세계를 다루었다.

수식과 방정식은 학습 과정에서 중요한 역할을 한다. 또한 이와 관련된 수학적 개념은 단순히 숫자와 문자의 나열에 그치지 않는다. 학생들이 현실 세계의 다양한 문제를 구조적으로 바라보고 이해하게 하며 해결하는 데 도움을 주는 강력한 도구가 되기 때문이다. 게다가 수식과 방정식은 과학 및 기술 분야에서 반드시 필요하다.

이 책을 통해 많은 학생이 수식과 방정식에 흥미를 느끼고 문제를 구조화해 해결하는 수학적 능력을 기를 수 있기를, 더 나아가 현실에서 부딪혀지는 문제를 해결하는 능력에도 전이되기를 바란다.

2024년 4월

최영기

프롤로그
수학 세계의 비밀을 찾으러 떠나자!

보물찾기를 해봤니? 보물을 찾는 것은 어려울 수 있지만, 뭔가 소중한 것을 숨겨둔 곳을 찾는 건 흥미로운 일이야. 사람은 원래 호기심 많은 생명체로 인간 문화의 진화는 대부분 호기심에서 시작되었고, 우리는 늘 숨겨진 것을 찾아내고 밝히려고 하지. 그래서 사람들은 보물찾기를 좋아하는지도 모르겠어. 보물을 찾았을 때의 기쁨과 환희는 경험한 사람만이 그 기분을 알 수 있지.

보물찾기는 수학에서도 일어나. 수학도 뭔가 숨겨진 것을 찾는 것에 관심이 많잖아? 수학은 무언가를 찾아내는 과정 자체에 흥미를 갖고 있어. 수학의 세계에는 아직 밝혀지지 않은 비밀들이 많이 남아 있어. 그만큼 찾아야 할 보물이 수학에 많다는 이야기겠지? 수학에서 숨겨진 것을 찾는 방법은 여러 가지가 있는데 그중 하나가 방정식을 사용하는 거야. 방정식은 숨겨진 것을 수식으로 표현한 다음, 우리가 공부하여 알고 있는 수학 지식을 활용해서 답을 찾는 거야. 그리고 방정식을 공부하다 보면 자연스럽게 상황을 분석하는 능력, 그것을 구조화해서 볼 수 있는 능력이 생겨 실제 상황에서도 합리적으로 문제를 해결할 수 있는 능력이 극대화될 수 있어.

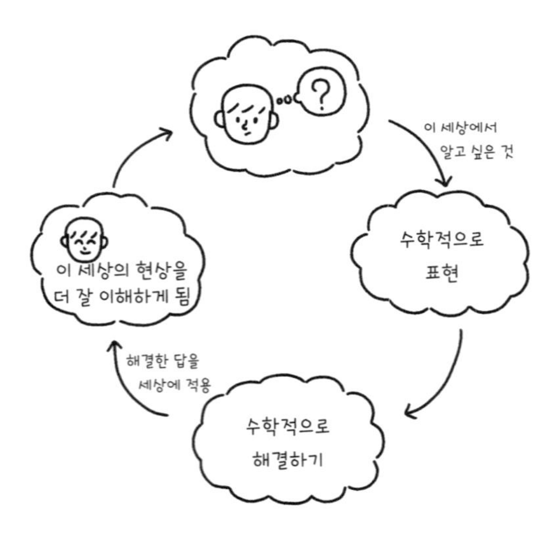

방정식은 우리가 자연과 사회 현상을 이해하고 비밀을 발견하는 데 중요한 도구야. 자연계의 놀라운 비밀을 밝히고 사회적 문제를 해결하는 데 방정식이 큰 역할을 담당하고 있어. 수학의 방정식은 우리 문명의 진보에 크게 기여했기 때문에 방정식을 공부하는 것은 가치 있는 일이야. 때로는 어려울 수도 있겠지만, 그 노력은 결국 보람으로 이어지지.

책을 펴내며 미래 지향적인 수학 능력이 필요한 시대 4

프롤로그 수학 세계의 비밀을 찾으러 떠나자! 7

1강 문자로 여는 수식의 세계
수식, 미지수, 방정식

시작 14

수식과 문장, 어떤 점이 다를까? 16

짜잔! 문자가 등장했어! 19

복잡한 수학 문제를 더 쉽게 하는 문자 22

두 가지 양을 비교해 보는 방법, 비율 29

방정식의 세계 32

수학에도 번역이 필요해! 37

방정식의 답을 찾는 과정 40

방정식의 분류 46

방정식을 푼다는 것은 무엇일까? 48

그리스 시대의 흥미로운 일차방정식 54

수식으로 애매한 것을 명확하게 파악하기 59

현혹되지 말라, 수식으로 지혜롭게 선택하기 64

미지수를 현명하게 선택하는 방법 67

방정식으로 이해하는 자연 현상 73

수학에 눈뜨는 순간 1 더 간단하게 생각하기 76

■ 이야기 되돌아보기 1 79

2강 **이차방정식으로 레벨 업!**

제곱근, 인수분해, 완전제곱식, 근과 계수의 관계

시작 82

0의 놀라운 역할 84

제곱의 반대는 무엇일까? 87

다양한 모양의 이차방정식 90

인수분해를 이용한 이차방정식 풀이 94

완전제곱식을 이용한 이차방정식 풀이 97

이차방정식의 근과 계수의 관계 103

고대 바빌로니아의 아이디어로 이차방정식 풀기 106

이차항과 상수항의 계수를 서로 바꾸면 어떻게 될까? 109

알고 보면 이차방정식 형태 112

미지수를 바꾸면 방정식이 어떻게 변할까? 114

수학에 눈뜨는 순간 2 **황금비** 119

■ 이야기 되돌아보기 2 123

3강 중학교 수학을 넘어 새로운 눈으로
허수, 허근, 고차방정식의 근과 계수의 관계

시작 126

발상의 전환, 허수의 등장 128

서로 다른 두 허근 134

고차방정식의 근과 계수의 관계 138

수학에 눈뜨는 순간 3 방정식의 두 가지 핵심 문제 142

■ 이야기 되돌아보기 3 146

감사의 말 149

1강

문자로 여는 수식의 세계

수식 , 미지수, 방정식

시작

수식 세계를 탐험한 경험이 있니? 어떤 사람들은 그곳이 복잡하고 재미없다고 말하지만, 사실 그곳에는 그 만의 아름다움이 있어. 수식이 추구하는 중요한 세 가지!

1. 간결함
2. 아름다움
3. 널리 사용되게 하는 전이성

이 원칙을 따르면 수식의 세계를 멋있게 느끼고 그 세계에 빠져들고 싶어질 거야. 수식의 세계는 여러 다른 '영역'

으로 구성돼 있어. 이제 그 멋진 세계를 둘러보기 위해 여행을 떠나볼까? 여행은 항상 즐거운 일이니까!

여행이란 새로운 눈으로 바라보는 것이다.
_마르셀 프루스트

수식과 문장, 어떤 점이 다를까?

문장은 주어와 그 주어에게 무슨 일이 일어났는지를 나타내는 서술어로 이루어져 있어. 예를 들면, "꽃이 피었다." 라는 문장에서 '꽃'은 주어이고 '피었다'는 어떤 일이 일어났는지를 나타내는 서술어지.

수식에서는 $=$, $\neq$, $>$, $<$, $\geq$, $\leq$ 등의 기호들이 서술어를 나타내.

예를 들어, 수식 '$2+3=5$'에서는 '$=$' 기호가 두 수가 같다는 것을 나타내는 서술어야. 이 수식을 문장으로 표현하면

'2와 3을 더하면 5와 같다.'와 같이 표현할 수 있어.

등호 =는 수학에서 양쪽에 있는 수나 식이 서로 같다는 것을 나타내. 예를 들어, 2+3=5에서 2+3은 5와 같다는 걸 나타내는 거지.

'2+3이 얼마인가?'라고 물으면 정확한 대답은 항상 5이지. 만약 누군가가 2+3=6이라고 주장한다면, 그 주장은 틀렸다고 말할 수 있어. 수식인 2+3=5는 정확하고 변하지 않는 수학적 사실이야.

그런데 문장은 달라. 때때로 문장은 상황과 맥락에 따라 다른 의미를 가질 수 있어. 예를 들어, '그리움에 시간을 더하면 추억이 된다'라는 말은 아름다운 표현일 수 있어.

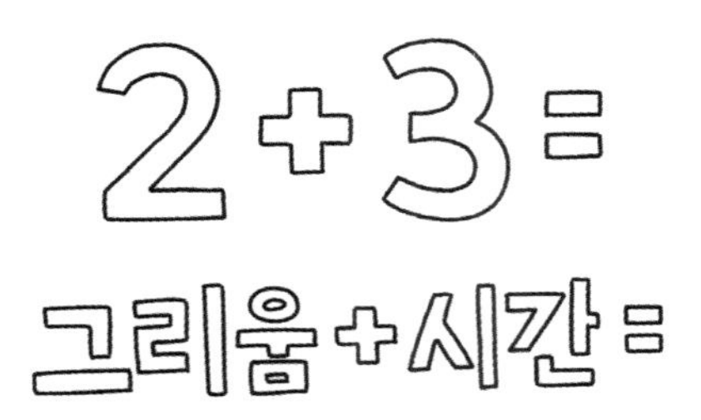

하지만 '그리움에 시간을 더하면 괴로움이 된다.'라고 말한다고 해서 틀린 건 아니야. 또 다른 의미를 갖는 문장이

되는 거야. 이렇듯 문장은 주변 상황과 문맥에 따라 다르게 이해될 수 있지만, 수식은 항상 같은 의미를 가지고 있어.

따라서 2+'?'= 5라고 할 때, '?'는 상황에 관계없이 항상 3임을 알 수 있지.

등호(=)는 등호의 양쪽에 있는 수나 수식이 서로 같다는 것을 나타내는 중요한 기호야.

짜잔! 문자가 등장했어!

수에 관한 이야기를 한번 해볼까?

수학 세계에서는 수를 다루는 과정을 특별한 원리로 간주하지. 특히 두 수를 더할 때 더하는 순서를 바꿔도 결과가 항상 같다는 특성을 '덧셈의 교환법칙'으로 부르는데, 이 법칙은 매우 중요한 수학적 원리 중 하나야.

하지만 이 특별한 원리를 완전하게 설명하는 것은 간단하지 않았어. 모든 수를 일일이 나열하는 과정은 상당히 복잡했고 번거로운 일이었거든.

$$1+2=2+1$$

$$1+3=3+1$$

$$1+4=4+1$$

$$\vdots$$

몹시 지치고 힘든 일이겠지?

그래서 간단한 방법을 찾아냈어. 알파벳을 수 대신 사용하기로 했지. 다시 말해, 임의의 두 수를 알파벳 a와 b로 나타낸 다음,

$a+b=b+a$

라고 써서 덧셈에서 교환법칙이 성립함을 나타내는 거지. 이것은 임의의 두 수를 더할 때, 덧셈의 순서를 바꿔도 결과는 같다는 것을 의미해.

'임의의'는 수학에서 아주 중요한 표현이야. 임의의 두 수에 대해서 덧셈의 교환법칙이 성립한다는 것은 결과적으로 모든 수에 대해 덧셈의 교환법칙이 성립한다는 뜻이야.

결국 $a+b=b+a$와 같이 문자를 사용하여 나타냄으로써 $1+2=2+1$ 등과 같은 개별적인 상황을 넘어 모든 상황에 적용되는 보편적인 성질을 표현하게 되었고, 이를 통해 수

학은 보편적인 개념을 다루고 있다는 것을 보여주게 되었지.

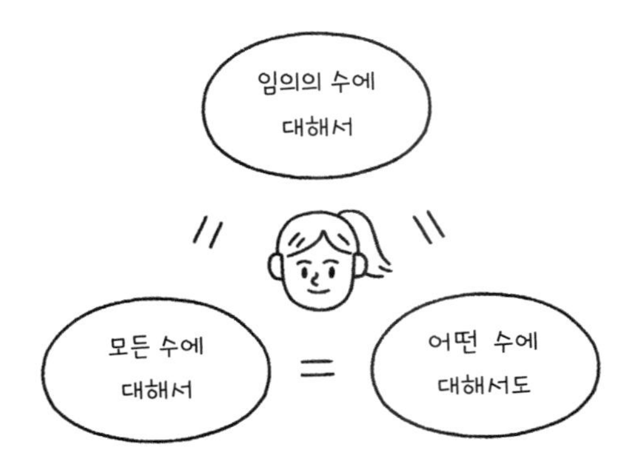

문자를 사용하면 수학 문제를 더 쉽게 이해하고 풀 수 있을 뿐만 아니라 특정한 수나 상황에 국한되지 않고, 일반적인 원리를 설명 할 수 있어. 즉 수학에서는 문자를 사용해서 보편적인 아이디어를 나타내. 그래서 문자를 도입한 것은 수학 세계에서 큰 혁명 중 하나야. 문자를 사용하면서 수학은 더 빨리 발전할 수 있었어.

이제 문자의 사용이 수학을 어떻게 발전할 수 있게 도왔는지 자세히 알려줄게.

복잡한 수학 문제를 더 쉽게 하는 문자

$a+a$는 $2\times a$인데 수와 문자를 곱한 경우 곱셈 기호 $\times$를 생략하고 $2a$로 써. 즉, 수와 문자를 곱할 때, 곱셈 기호 $\times$를 생략해서 쓸 수 있어. 다만, 수를 먼저 쓰고 그 다음에 문자를 써야 해.

$a+a+a=3\times a=3a$

$a+a+a+a=4\times a=4a$

$3a+3a+3a+3a+3a+3a=3a\times 6=18a$

그리고 $1\times a=1a=a$, $-1\times a=-1a=-a$와 같이 1이나 -1을 문자에 곱할 때는 곱셈 기호 $\times$와 1을 모두 생략

해서 쓰지.

문자와 문자의 곱에서도 곱셈 기호 ×를 생략하고 $a \times b = ab$로 써.

또 $a \times a = a^2$, $x \times x \times x = x^3$처럼 같은 문자를 여러 번 곱할 때는 곱셈 기호 ×를 생략하고 거듭제곱으로 나타내는 거야.

자, 이제 지금 배운 이 규칙들에 따라 문자를 사용하는 것이 수학을 얼마나 더 쉽고 편리하게 만드는지 직접 계산하면서 함께 살펴볼까?

"2,430과 1,754를 더한 것과 2,430에서 1,754를 뺀 것을 더하시오."

이 문제를 수식으로 표현하고 계산해볼까? 먼저 2,430과 1,754를 더한 것은 $2,430 + 1,754 = 4,184$이고, 2,430에서 1,754를 뺀 것은 $2,430 - 1,754 = 676$이지.

따라서 구하는 답은 $4,184 + 676 = 4,860$이야.

그러면 이 계산을 문자를 사용해서 풀어 볼게. 두 수 2,430과 1,754를 각각 a와 b라고 하고, 이 두 문자를 이용해서 문제를 식으로 나타내면

$$(a+b)+(a-b)$$

라고 쓸 수 있지?

(a+b)+(a-b)
=a+b+a-b=2a

$(a+b)+(a-b)$를 계산하면 $2a$인데, 여기서 a는 2,430이니까 $2a$는 $2\times2{,}430=4{,}860$이야. 수를 넣어 계산한 건 한 번이고, 더 간단하고, 결과는 먼저 구한 값과 똑같지.

만약 문자를 사용해서 이 두 수의 합에서 두 수의 차를 빼면 어떻게 될까?

$$(a+b)-(a-b)=2b$$

(a+b)-(a-b)
=a+b-a+b=2b

가 되지. b는 1,754이니까 $2b$는 $2\times1{,}754=3{,}508$이야. 훨씬 간단하지?

이런 식으로 문자를 사용하면 상황을 눈에 보이듯이 명확하게 이해하게 되고, 계산도 더 쉽게 할 수 있어.

또한 문자를 사용하면 수학 표현이 더 간결해질 수 있어. 예를 들어, 삼각형의 넓이는 밑변의 길이에 높이를 곱한 후

그 값을 2로 나누는 것과 같다고 표현할 수 있어. 그런데 문자를 사용하여 삼각형의 밑변의 길이를 a로, 높이를 h로 표현하면 이 삼각형의 넓이는 간단하게 $\frac{ah}{2}$로 나타낼 수 있지.

이처럼 문자를 사용하면 복잡한 수학 문제들도 쉽게 표현할 수 있는데, 수학에서 더욱 유용하게 문자를 사용하려면 우리는 문자와 식에 대한 몇 가지 특별한 용어들을 알아야 해. 이 용어들이 우리에게 도움이 될 거야.

$5a^2+3b+4$에서 수 또는 문자의 곱으로 이루어진 $5a^2$, $3b$, 4를 각각 $5a^2+3b+4$의 항이라 하는데 그 중에서 4와 같이 수만으로 이루어진 항은 상수항이라고 해. $5a^2$에서 문자 a^2에 곱해진 수 5를 a^2의 계수라고 하지. 마찬가지로 $3b$에서 3은 b의 계수야. 항에서 문자가 곱해진 횟수를 그 문자의 차수라고 하기로 했어. 즉, $5a^2$에서 문자 a의 차수는 2이고, $3b$에서 문자 b의 차수는 1이지.

또 $5a^2+3b+4$와 같이 여러 개의 항의 합으로 이루어진 식을 다항식이라고 하는데, 만약 $2x$와 같이 항이 한 개뿐인

식은 단항식이라고 부르지.

그렇다면 식에는 또 어떤 이름이 있을까?

항에서 곱해진 문자의 개수를 그 문자에 대한 항의 차수라고 하는데, 다항식에서 차수가 가장 큰 항의 차수를 그 다항식의 차수라고 하기로 했어. 예를 들어, $2x-5$에서 차수가 가장 큰 항은 $2x$이니까 이 다항식의 차수는 1이고, 1차인 다항식은 일차식이라고 하지. 마찬가지로 다항식 $3y^2+4y+5$에서 차수가 가장 큰 항이 $3y^2$이니까 이 다항식의 차수는 2이고, 이차식이라고 해. 이런 식으로 식의 차수에 따라서 식의 이름이 정해져.

상자 안에 사과와 감이 섞여 있을 때 같은 종류인 사과는 사과끼리 세고 감은 감끼리 세서 사과 몇 개, 감 몇 개라고 하잖아. 수식에서도 이렇게 같은 종류의 항끼리 모아서 계산해야 해. 수식에서 같은 종류의 항은 문자와 차수가 같은 것을 가리켜. 가령 $2a$와 $3a$는 둘 다 a라는 문자가 있고, 차수는 1이지. 그리고 이 두 항을 동류항이라고 불러. 동류항끼리 묶어서 계산하면 수식을 더 간단하게 만들 수 있어.

a와 a^2은 문자는 같지만 차수가 다르기 때문에 동류항이 아니야.

예를 들면, $2x+3+5x+7$에서 $2x$와 $5x$는 문자도 같고, 차수도 같으니 동류항이야. 그런데 3과 7인 상수항끼리도 동류항이야. 동류항끼리만 덧셈과 뺄셈을 할 수 있으니, 위의 식은 다음과 같이 동류항끼리 모아서 계산하면 간단히 나타낼 수 있어.

$$\begin{aligned}2x+3+5x+7&=2x+5x+3+7\\&=7x+10\end{aligned}$$

그리고 괄호가 있는 경우에는 괄호를 먼저 풀고 동류항끼리 계산해야 해.

$$3x+1-2(x-1)=3x+1-2x+2$$
$$=3x-2x+1+2=x+3$$

두 가지 양을 비교해 보는 방법, 비율

$$비율 = \frac{(비교하는\ 양)}{(기준량)}$$

비율은 어떤 양을 기준으로 비교한 다른 양의 크기를 분수나 소수로 표현한 거야. 비율은 두 양의 크기를 비교하고 이해하는 데 도움을 줘.

또한 비율은 두 양의 몫이기 때문에 측정 단위가 같은 것은 물론 측정 단위가 다른 두 양의 크기를 비교하고 이해하는 데도 도움을 줘.

예를 들어, 속력은 물체의 빠르기를 나타내는 척도 중 하나이고, 단위 시간당 이동한 거리의 비율로 정의되지. 즉

$$속력 = \frac{(거리)}{(시간)}$$

만약 1초당 5m를 이동했다면 속력은 $\frac{5\text{m}}{1초}$이고, 일반적으로 $\frac{5\text{m}}{1초}$=5m/1초=5m/초로 표기하지.

만약 연우가 30초 동안 달린 거리가 210m이고, 연진이가 40초 동안 달린 거리가 320m라고 하면, 연우와 연진이 중에서 누가 더 빠르다고 할 수 있을까?

연우의 속력을 비율로 나타내면 $\frac{210}{30}=7$(m/초)이고, 연진의 속력을 비율로 나타내면 $\frac{320}{40}=8$(m/초)이지. 즉 연우가 초당 7m를 이동했고, 연진이는 초당 8m를 이동했으니, 연진이가 연우보다 빠르다고 할 수 있지.

백분율은 어떤 양을 전체를 100으로 기준으로 했을 때, 다른 양이 얼마나 되는지를 비교해 보여주는 것이야. 이걸 % 기호로 나타내고 퍼센트라고 읽어.

예를 들어, 영민이가 가지고 있던 용돈의 30%를 사용했다면, 용돈 전체를 100으로 두었을 때 그 중 30을 사용한 거야. 즉, 영민이의 용돈이 10,000원이라면 10,000원의 $\frac{30}{100}$인 3,000원을 사용한 것이지.

$$10,000\times\frac{30}{100}=3,000$$

방정식의 세계

만약 방정식의 세계가 있다면, 입구에는 이런 안내 문구가 있을 거야.

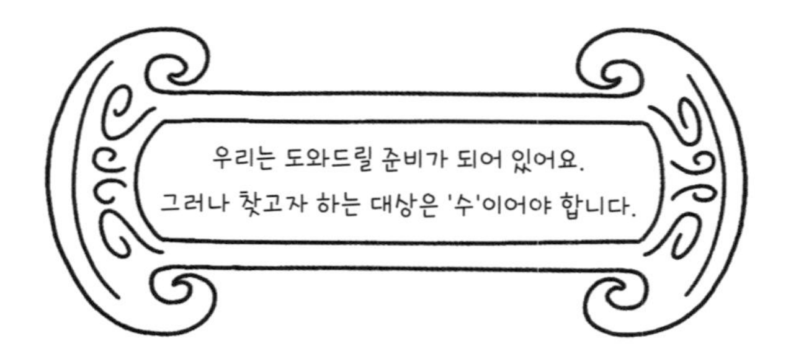

그런데 찾고자 하는 대상인 그 '수'를 부르는 이름이 있어야겠지? 그래서 구하려는데 아직 모르는 수이니 이걸

미지수라고 부르기로 했어. 방정식은 '미지의 세계'를 수학적으로 표현한 것이고, 미지수는 그 미지의 세계에서 우리가 밝혀야 할 수야. 이제부터 방정식의 세계를 탐험하며 미지수의 비밀을 함께 파헤치려고 해.

미지수는 일반적으로 x, y, z처럼 알파벳으로 표현해. 하나만 필요할 때는 주로 x를 쓰는데 때에 따라 다른 문자가 쓰이기도 해.

$2x-6=0$, $2x+3x=5x$와 같이 둘 이상의 수나 식 사이의 관계를 등호 $=$를 사용하여 나타낸 식을 등식이라고 부르지.

등식
등호
$3x+5$ $=$ 8
좌변 우변
양변

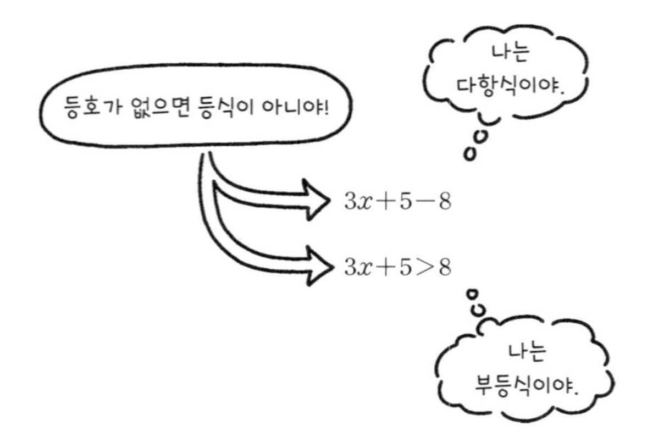

$2x-6=0$은 x가 3일 때는 등식이 참이지만 x가 1일 때는 등식이 거짓임을 알 수 있지. 이처럼 미지수 x의 값에 따라 참이 되기도 하고 거짓이 되기도 하는 등식을 x에 대한 방정식이라고 부르기로 했어. 그리고 이 방정식이 참이 되도록 하는 미지수의 값을 그 방정식의 해 또는 근이라고 하기로 해.

원래는 방정식이 주어졌을 때, 이 방정식이 참이 되게 하는 x의 값을 '해'라고 했고, 수식이 주어졌을 때, 수식의 값이 0이 되는 x의 값을 수식의 '근'이라고 분류해 사용했어. 즉, 방정식 $2x-6=0$에서 $x=3$이 해이고, 수식 $2x-6$이 주어졌을 때 수식의 값이 0이 되는 x의 값 3을 근이라고 했지. 그런데 사실상 방정식에서는 해와 근을 같은 뜻으로 사용하고 있지.

한편, 등식 $2x+3x=5x$는 x에 어떤 값을 대입하여도 항상 참이 되지? $2x+3x=5x$와 같이 모든 x의 값에 대하여 참이 되는 등식을 x에 대한 항등식이라고 해.

x의 값에 상관없이 항상 등호가 성립하는 식이랄까~

방정식을 사용한 예를 들려줄게.

연우에겐 두께가 3.6cm인 책 한 권이 있어. 이 책은 분량이 전체 300쪽인데 이 책을 만드는 데 사용된 종이 1장의 두께가 몇 cm인지 궁금해졌어. 하지만 종이는 너무 얇아서 자를 이용해서 그 두께를 잴 수 없었지. 그래서 알고 싶은 종이 1장의 두께를 $x$cm라고 놓고 다음과 같이 식을 썼어.

$300\times x=3.6$

그리고 이 식에서 $x=\frac{3.6}{300}=0.012$를 구했지. 즉, 방정식을 이용해서 이 책을 이루고 있는 종이 1장의 두께는 0.012cm임을 알게 됐지.

이처럼 해결하기 어려워 보이는 문제도 단순화해 방정식으로 나타내면 쉽게 풀 수 있기도 해.

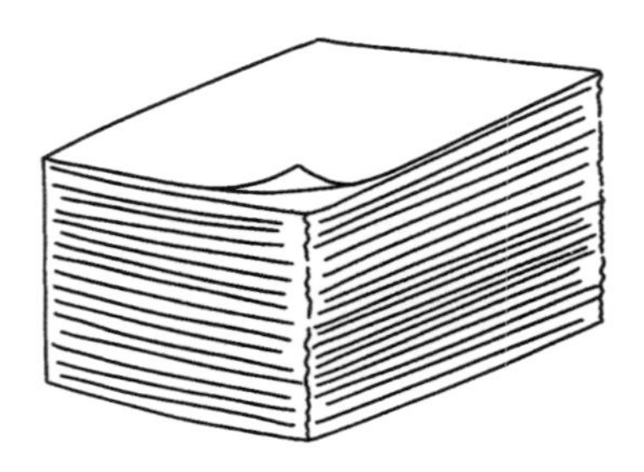

수학은 문제 해결의 도구이며, 방정식은 그 도구 상자 안의 가장 강력한 도구 중 하나이다.
_알베르트 아인슈타인

수학에도 번역이 필요해!

미국 여행 중에 동물원에 가는 길을 물어본다고 생각해 봐. 미국인에게 "동물원 가는 길을 알려주세요."라고 한국어로 물어보면 미국인은 이해하지 못할 거야. 그래서 먼저 이 문장을 영어로 번역하여 물어보아야 해.

영어로 물어보면, "Please tell me the way to the zoo."가 될 거야. 그러면 미국인은 영어로 답을 줄 거야. "Go in this direction for 1km and you will reach the zoo." 이렇게.

이를 다시 한국어로 번역하면, "이 방향으로 1km를 가면 동물원에 도착해요."가 되겠지. 이런 식으로 번역을 통하면 원하는 정보를 얻고 동물원을 찾아갈 수 있겠지.

수학에서도 방정식을 활용하려면 그 말을 수와 수식을 이용해 번역해야 해. 이렇게 해야 수학적으로 이해하고 논의할 수 있거든.

- 어떤 수에 2를 곱한 후 6을 더한 수
- 그 학생의 나이의 2배보다 6살이 많다
- 지난 수익률을 2배한 후 6%를 더함

연우네 집에 강아지와 고양이가 있어. 3년 전에는 고양이 나이가 강아지 나이의 6배였는데, 지금은 고양이 나이가 강아지 나이의 3배야. 그러면 지금 강아지는 몇 살일까?

문제를 문장으로 읽고 답을 구하려면 왠지 어려워보여. 하지만 알고 싶은 강아지 나이를 방정식의 도움으로 단순

화하면 문제를 쉽게 해결할 수 있어. 현재 강아지 나이를 x살이라 놓고 나머지 상황도 수학적인 표현으로 바꾸는 거야.

지금은 고양이 나이가 강아지 나이의 3배이니까, 지금 고양이 나이를 $3x$살이라고 놓으면 돼. 그러면 3년 전 강아지 나이는 $(x-3)$살이고, 고양이 나이는 $(3x-3)$살이겠지. 그때의 고양이 나이가 강아지 나이의 6배였다고 했으니까

$$3x-3=6(x-3)$$

이 되겠지. 이걸 풀면

$$3x-3=6x-18$$

$$3x=15\text{에서 } x=5$$

$x=5$이니까 지금 강아지 나이는 5살임을 알 수 있게 되었어. 조금 더 확인해 보면, 지금 고양이 나이는 강아지 나이의 3배인 15살이야. 3년 전에는 강아지가 2살, 고양이가 12살이었어. 그래서 고양이의 나이가 강아지의 나이에 6배였던 거야.

방정식의 답을 찾는 과정

연우는 동네 마트에서 여름 정기 세일 기간 동안 연우가 사고 싶었던 물건이 20% 할인된 가격으로 판매된다는 소식을 들었어. 연우는 이 기회를 이용해서 그 물건을 살 계획이야. 그런데 연우가 가진 돈이 60,000원뿐이라면 사려는 물건은 할인 전 가격이 얼마여야 살 수 있을까?

먼저, 우리가 알고 싶은 것은 연우가 사려는 물건의 할인 전 가격이 최대 얼마이면 될까야. 그러니까 사려는 물건의 할인 전 원래 가격을 x원이라고 할게. 그리고 연우는 20% 할인된 가격으로 물건을 살 수 있다는 사실을 고려해야 해.

이 말은 연우가 실제로 물건을 살 때 지불하는 돈이 그 물건의 원래 가격의 80%, 즉 $0.8x$원이라는 뜻이야. 그런데 연우가 가진 돈은 60,000원이니까 물건의 할인된 가격은 최대 60,000원이면 되잖아. 이를 수식으로 표현하면

$$0.8x=60,000$$

이제 이 방정식을 풀어서 x의 값을 구하면 연우가 사려는 물건의 할인 전 가격이 최대 얼마이면 되는지 알 수 있어. 방정식 $0.8x=60,000$을 풀어보자.

$$x=60,000\div0.8=60,000\times\frac{5}{4}=75,000$$

즉, $x=75,000$

그러므로 연우가 사려는 물건의 가격이 할인 전 최대 75,000원이면 그 물건을 살 수 있어.

위에서 답을 찾는 과정을 살펴보면, 다음과 같아.

(1) 먼저 구하려는 값을 x라 놓는다.

(2) 그다음, 문제에서 주어진 정보를 활용하여 수식으로 바꿀 방법을 생각한다.

(3) 생각한 내용을 정리해서 수식을 만든다.

이렇게 만든 수식이 우리가 풀어야 할 방정식이야.

(4) 마지막으로, 만든 방정식을 풀어서 답을 구한다.

이러한 단계를 따라가면 수학 문제를 풀기가 훨씬 쉬워질 거라고 말하고 싶지만, 이 당연한 과정이 막상 문제를 마주하게 되면 생각처럼 잘되지 않아. 왜냐하면 어린아이가 언어를 배우는 것처럼, 문장을 수식으로 바꾸려는 노력은 처음에는 자연스럽지 않을 수 있어. 또한 수식을 사용하는 것이 익숙해지기까지는 시간과 노력이 필요하기 때문이야.

방정식을 이용하여 문제를 해결할 때 가장 중요한 것은 구해야 하는 것을 x로 놓는 것인데, 이 당연한 과정이 막상

문제에서 마주하면 생각처럼 잘되지 않지.

그러니 기억해 둬.

어떤 문제든 시작이 중요해. 구해야 하는 것을 x로 놓겠다는 생각! 이 생각이 방정식 풀이의 시작이야. 이 생각만으로도 문제 해결의 실마리를 찾을 수 있어.

자, 그런데 '왜 미지수 x같은 것을 생각해서 우리 머리를 복잡하게 하지?'라고 생각하는 사람도 있을 거야.

하지만 미지수 x를 생각하는 것은 머리를 복잡하게 하려는 게 아니라, 오히려 문제를 더 편하게 해결하기 위한 방법이라고 생각해야 해. 이런 오해를 해소해 볼게.

수십 개의 빵을 만들어야 한다고 생각해 봐. 모든 빵을 일일이 사람이 직접 손으로 만든다고 하면 과정이 복잡하고 힘들기 때문에 여간 어려운 일이 아니야. 그런데 빵을 만드는 작업을 기계로 자동화하면 더 많은 양의 빵을 빨리 쉽게 만들 수 있지. 방정식도 비슷해. 수를 구하는 문제들을 하나하나 문장으로 생각해서 풀려면 복잡한 여러 과정이 필요하지만, 이러한 문장들을 수와 미지수 x를 이용해서 수식으로 바꾸면, 그 이후의 과정은 마치 자동화된 기계 작업처럼 간단하고 빠르게 해결할 수 있어.

그래서 방정식은 '문장으로 표현된 문제들'의 수식화된 자동화 과정이라고 생각할 수 있어. 또한 수많은 복잡한 문제들을 0, 1, 2, 3, 4, 5, 6, 7, 8, 9 그리고 x, 즉 11개의 단순한 문자와 사칙연산만을 이용해서 표현할 수 있다는 거야. 이것이 얼마나 대단한 일인지, 얼마나 간결하고 편리한지 생각해 봐.

방정식과 같은 수식으로 나타낼 때 중요한 것은 문제를 해결하는데 필요하지 않은 정보를 걸러내고 핵심적인 것에만 초점을 맞추는 거야. 앞의 문제에서 연우가 마트에 간 날짜, 마트의 상황, 물건의 모양 등과 같은 불필요한 정보를 걸러내고 물건의 가격에 초점을 맞추었지. 그다음 수학적인 조작을 통해 문제를 해결했어. 이런 유형의 문제를 몇 번 풀게 되면, 비슷한 방식으로 다른 비슷한 문제들을 풀 수 있게 되지.

예를 들어, 어떤 동물 보호소에 있는 동물 전체의 $\frac{4}{5}$가 강아지인데 강아지가 총 60마리라면, 보호소에 있는 동물은 총 몇 마리인지 구할 수 있어. 이 문제를 살펴보면 앞서 다룬 문제와 거의 같은 유형임을 알 수 있고, 같은 방법을 이용하면 보호소에 있는 동물은 총 75마리임을 알 수 있어.

방정식의 분류

어느 특정한 값에서만 등식이 참이 되게 하는 미지수를 포함한 등식을 방정식이라고 했잖아. 그래서 미지수의 형태에 따라 방정식을 분류하기로 했어.

만약 등식의 모든 항을 좌변으로 이항하여 정리했을 때,

(x에 대한 일차식)$=0$

의 꼴이 되는 방정식을 x에 대한 일차방정식이라 하고,
$ax+b=0$ (단, a, b는 상수, $a\neq0$)으로 나타낼 수 있어.

또한 등식의 모든 항을 좌변으로 이항하여 정리했을 때,

(x에 대한 이차식)$=0$

의 꼴이 되는 방정식을 x에 대한 이차방정식이라 하고, $ax^2+bx+c=0$ (단, a, b, c는 상수, $a\neq0$)으로 나타낼 수 있어.

마찬가지로 방정식의 모든 항을 좌변으로 이항하여 정리했을 때,

(x에 대한 n차식)$=0$

의 꼴로 정리할 수 있는 방정식을 x에 대한 n차방정식이라고 하는데, 이는

$a_nx^n+\cdots+a_1x+a_0=0$ (단, a_n, $\cdots$, a_1, a_0은 상수, $a_n\neq0$)

으로 나타낼 수 있어.

방정식을 분류하는 것은 해의 형태를 이해하는 데 도움이 돼. 예를 들어, 일차방정식의 해와 이차방정식의 해가 각각 어떤 해를 갖는지, 그 특성은 무엇인지 알 수 있거든. 우리는 여러 가지 방정식을 분류하면서 미지수, 계수, 차수와 같은 중요한 개념을 더 잘 이해하고 발전시킬 수 있게 되지.

방정식을 푼다는 것은 무엇일까?

방정식을 푸는 것은 주어진 등식을 해석하고, 그 등식이 참이 되게 하는 x의 값을 찾는 과정이야. x의 값을 찾으려면 좌변에는 x만 남기고, 우변에는 수만 남도록 만들어야 하는데, 이 과정에서 다음과 같은 등식의 성질을 활용하게 되지.

등식의 성질

① 등식의 양변에 같은 수를 더해도 양변은 여전히 같다.

➡ $a=b$이면 $a+c=b+c$이다.

② 등식의 양변에서 같은 수를 빼도 양변은 여전히 같다.

➡ $a=b$이면 $a-c=b-c$이다.

③ 등식의 양변에 같은 수를 곱해도 양변은 여전히 같다.

➡ $a=b$이면 $ac=bc$이다.

④ 등식의 양변을 0이 아닌 같은 수로 나눠도 양변은 여전히 같다.

➡ $a=b$, $c\neq0$이면 $\frac{a}{c}=\frac{b}{c}$이다.

그런데 방정식을 푼다는 것을 거꾸로 생각해 볼 수도 있어. 가령, 해가 $x=2$인 방정식을 만들어 보면 어떨까?

등식의 성질을 활용하면 조금 복잡한 방정식을 만들 수 있겠지. 예를 들어, 등식 $x=2$의 양변에 3을 더하면

$x+3=2+3$이고, 이 식을 정리하면

$$x+3=5$$

가 되지. 이 등식의 양변에 다시 $3x$를 더하면

$x+3+3x=5+3x$이고, 이 식을 정리하면

$$4x+3=3x+5$$

가 돼. 그리고 이 등식의 양변을 2로 나누면

$$2x+\frac{3}{2}=\frac{3}{2}x+\frac{5}{2}$$

와 같이 조금 복잡하게 보이는 방정식이 만들어져.

자, 이렇게 만든 방정식 $2x+\frac{3}{2}=\frac{3}{2}x+\frac{5}{2}$를 다시 푸는 과정은 어떻게 될까? 위의 과정을 거꾸로 하면서 반대로 하면 돼. 즉, 등식의 양변에 2를 곱하면

$4x+3=3x+5$

이고, 다시 등식의 양변에서 $3x$를 빼면

$4x+3-3x=3x+5-3x$이니까

$x+3=5$

가 되지. 그리고 이 등식의 양변에서 3을 빼면

$x+3-3=5-3$이므로 우리가 만든 방정식의 해는

$x=2$

방정식은 영어로 '같게 하다'라는 'equate'의 명사형인 'equation'이야. 영어의 'equation'의 의미로 방정식을 푼다는 것은 등식의 성질을 사용하여 식을 같게 만들어 가는 과정을 의미해. 이 과정을 통해 방정식을 점점 더 간단하게 만들어서, 결국에는 좌변에는 미지수가 남고 우변에는 수가 남게 만드는 거지.

방정식을 푼다는 것은 결국 '$x=$(어떤 수)' 형태로 되어 있는 미지수 'x'의 값을 찾는 거야.

위의 방정식의 풀이 과정을 다시 간단히 정리하면

$$2x+\frac{3}{2}=\frac{3}{2}x+\frac{5}{2} \xrightarrow[\text{등식의 성질 ③}]{\text{양변에 }\times 2} 4x+3=3x+5$$

$$\xrightarrow[\text{등식의 성질 ②}]{\text{양변에 }-3x} x+3=5$$

$$\xrightarrow[\text{등식의 성질 ②}]{\text{양변에 }-3} x=2$$

방정식을 풀다 보면 점점 형태가 간결해지고 결국에는 미지수를 구할 수 있게 되는 거지.

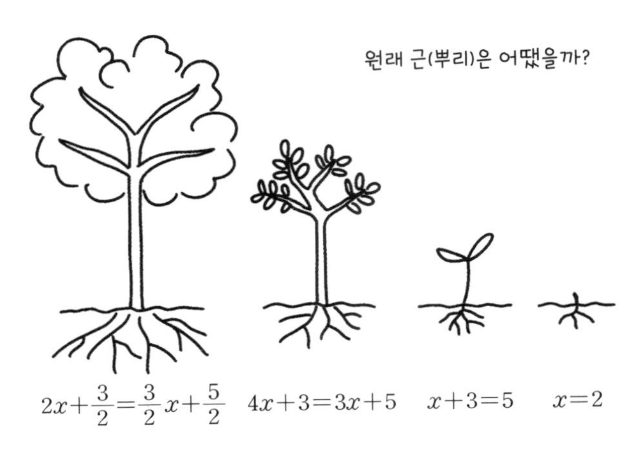

한편, 등식의 성질 ②를 이용해서 방정식을 푸는 과정을 보면

$4x+3=3x+5 \rightarrow \boxed{4x+3-3x=3x+5-3x}$

$\rightarrow 4x+3-3x=5$

우변에서 $3x-3x$를 계산하면 처음 우변에 있던 $3x$가 사라지지.

그리고 위 과정에서 ▭ 부분을 생략해서 더 간단히 나타내면

$4x+3=3x+5 \rightarrow 4x+3-3x=5$

로 우변의 $3x$가 $-3x$가 되어 좌변으로 옮겨 간 것과 같게 되지.

이처럼 등식의 성질 ①이나 ②를 이용해서 등식의 한 변에 있는 항을 그 항의 부호를 바꾸어 다른 변으로 옮기는 것을 이항이라고 해.

그러면 $x+3=5 \rightarrow x=5-3$의 과정도 좌변의 3을 우변에 이항했다고 할 수 있지.

*

일차방정식이 참이 되도록 하는 해는 1개 뿐이야. 그러나

만약 어떤 일차식으로 이루어진 등식을 참이 되게 하는 값이 2개 이상이라면, 이 등식은 모든 x의 값에 대해 항상 참이 되는 항등식인거야.

예를 들어, a, b가 서로 다른 상수일 때, 다음의 일차식인 등식을 생각해 보자.

$$(a-b)(x-a)+(b-a)(x-b)=(a-b)(b-a)$$

이 등식에서 $x=a$도 등식을 참이 되게 하고 $x=b$도 등식을 참이 되게 하지. 즉, 등식을 참이 되게 하는 x가 2개 이상이어서 위의 등식은 모든 x의 값에 대하여 항상 참이 되는 항등식이야.

그리스 시대의 흥미로운 일차방정식

고대 그리스 수학자 디오판토스Diophantos의 묘비에는 디오판토스의 생애에 대한 글이 새겨져 있는데 그것을 요약하면 다음과 같다고 해.

여기 디오판토스의 영혼이 안식하고 있다.
다음 비문은 그가 몇 살까지 살았는지를 알려줄 것이다. 그는 인생의 $\frac{1}{6}$ 동안 소년 시절을 보냈고, 인생의 $\frac{1}{12}$ 동안 청년으로 지냈다. 그 뒤에 인생의 $\frac{1}{7}$ 동안 혼자 산 뒤 결혼하여 5년 후에 아들이 태어났는데, 안타깝게도 아들은 아버지 생애의 $\frac{1}{2}$ 만큼만 살다가 세상을 떠났다. 그리고 아들의 죽음 이후 4년을 더 살다가 생을 마쳤다.

지금 알고 싶은 것은 디오판토스가 얼마 동안 살았는지이고, 이를 나타내기 위해 미지수 x를 사용하면

x=(디오판토스가 죽을 때의 나이)

라고 하면 된다.

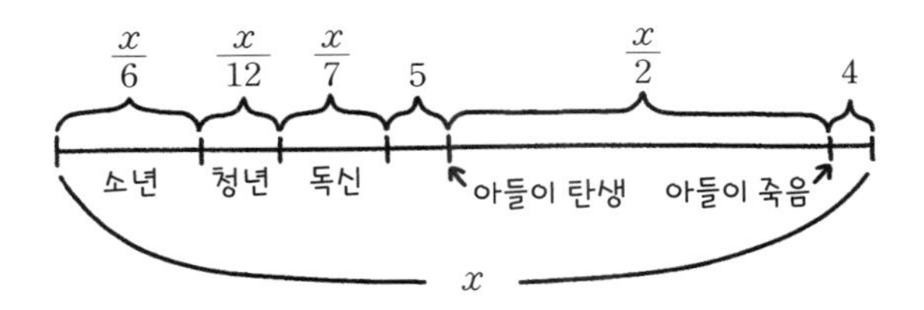

디오판토스가 x세까지 산 것이므로 위의 비문을 바탕으로 계산해 보면

소년 시절: $\frac{x}{6}$년

청년 시절: $\frac{x}{12}$년

혼자 산 시절: $\frac{x}{7}$년

결혼하여 아들이 태어나기 전까지 기간: 5년

아들과 같이 산 시절: $\frac{x}{2}$년

아들이 죽고 난 후 생애를 마치기까지의 기간: 4년

이것을 모두 더하면

$$\frac{1}{6}x+\frac{1}{12}x+\frac{1}{7}x+5+\frac{1}{2}x+4$$

이것이 디오판토스가 살아 누린 나이이니 다음과 같은 방정식을 얻을 수 있어.

$$\frac{1}{6}x+\frac{1}{12}x+\frac{1}{7}x+5+\frac{1}{2}x+4=x$$

이 방정식을 풀면 $x=84$라는 결과를 얻을 수 있지. 비문을 따라 그의 생애를 요약해 보면 다음과 같아.

디오판토스는 14년 동안 소년 시절을 보냈고,
이후 7년 동안 청년으로 지냈으며
12년 동안 혼자 살다가
33세에 결혼을 했고,
5년 후인 38세에 아들을 낳았으며,
80세에 아들이 세상을 떠났고,
마침내 84세에 생을 마치게 되었다.

다음의 글을 읽고 피타고라스의 제자는 모두 몇 명인지 위의 방법을 참고해서 구해봐.

어떤 사람이 피타고라스에게

"피타고라스 선생님, 당신의 제자는 모두 몇 명인가요?"

라고 물었어. 피타고라스가 대답했어.

"내 제자의 2분의 1은 수의 아름다움을 탐구하고, 4분의 1은 자연의 이치를 공부하고 있지. 또한 7분의 1은 깊은 사색에 몰두하고 있고, 그 외의 공부를 하는 제자 3명이 더 있단다."

그리스 시화집에는 이런 이야기가 있어.

노새와 당나귀가 짐을 들고 가고 있었어. 노새가 당나귀에게 이렇게 말했어.

"나는 더 많은 짐을 들고 다니고 있어. 실제로 네 짐 중에서 하나를 내 등에 옮기면, 내 짐의 개수는 네 짐의 개수의 2배가 되어버려. 하지만 반대로 내 짐 중에서 하나를 네 등에 옮기면, 우리 둘의 짐의 개수가 같아질 거야."

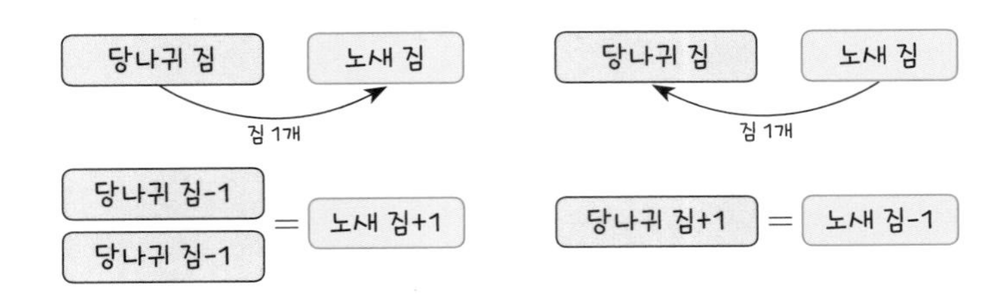

그러면 노새와 당나귀가 각각 몇 개의 짐을 들고 다니고 있는지를 생각해 볼까? 노새가 '내 짐 중에서 하나를 네 등에 옮기면, 우리 둘의 짐의 개수가 같아질 거야.'라고 했기 때문에 노새는 당나귀보다 짐이 2개 많다는 것을 알 수 있지. 그래서

$x=$(당나귀의 짐의 개수)

라고 하면 노새의 짐의 개수는 $x+2$가 되지. 또한, 당나귀의 짐 중에서 하나를 노새의 등에 옮기면, 당나귀의 짐의 개수는 $x-1$이 되고, 노새의 짐의 개수는 $x+3$이 되는데, 이때의 노새의 짐의 개수는 당나귀의 짐의 개수의 2배가 되니

$$2(x-1)=x+3$$

이라는 방정식을 얻게 되지. 이 방정식을 풀면

$$2x-2=x+3$$

$$2x-x=3+2$$

즉, $x=5$

따라서 당나귀의 짐은 5개이고, 노새의 짐은 7개야.

수식으로 애매한 것을 명확하게 파악하기

문장으로 보아서는 애매한 것을 수식으로 표현하면 명확하게 드러나게 된다.

어느 극장의 영화 관람권 실제 판매가격은 영화 관람권 가격에 10% 세금이 붙은 가격이라고 해. 어느 날 행사 기간 중에 영화 관람권 가격을 40% 할인한다고 했는데, 다음과 같은 논쟁이 발생했어.

① 영화 관람권 가격에 10% 세금을 붙인 실제 판매가격에서 40% 할인한 가격으로 판매하는 것이 옳다는 의견

② 영화 관람권 가격에서 40% 할인한 가격과 할인 가격에 10% 세금을 붙인 가격으로 판매하는 것이 옳다는 의견

어떤 의견이 옳은 것 같니? 애매하지?

①번과 ②번 각각의 의견대로 행사 기간 중 영화 관람권 할인 판매가격을 구해볼까?

영화 관람권을 x원이라고 해보자.

먼저 ①번 의견대로 영화 관람권의 할인 판매가격을 구해볼게. 영화 관람권이 x원이니까 이때의 세금은 영화 관람권 가격의 10%인 $0.1x$원이야. 할인하기 전 영화 관람권의 실제 판매가격은 $x+0.1x=1.1x$원인 거지. 그리고 여기서 40% 할인한 영화 관람권의 가격은 $1.1x\times0.6$원이 되는 거야.

이번엔 ②번 의견대로 영화 관람권의 할인 판매가격을 구해보자. 영화 관람권 x원에서 40%를 할인한다면 영화 관람권은 $0.6x$원이 되고, 여기에 세금을 10% 더 붙인 할인

판매가격은 $0.6x+0.6x\times0.1=0.6x(1+0.1)=0.6x\times1.1$원이 되지.

그런데 $1.1x\times0.6=0.6x\times1.1$이잖아. 결국은 어떤 의견을 따르더라도 관람권 할인 판매가격은 같은 거야.

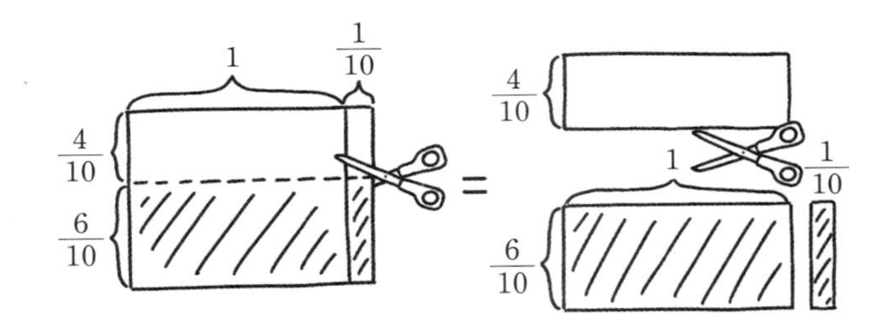

$1.1\times0.6=0.6\times1.1$인 것은 곱셈의 교환법칙에 따라 계산해 보지 않고도 알 수 있어.

곱셈의 교환법칙: a, b를 임의의 실수라고 하면, $ab=ba$

또 다른 경우도 볼까?

어떤 상품의 가격을 20% 인상했다가 다시 20% 인하했다면 원래의 가격과 같을까? 반대로 20% 인하했다가 20%

인상했다면 어떻게 될까? 이런 상황도 식으로 써보면 명확해져.

원래의 가격을 x원이라 할게. 원래 가격에서 20% 인상하면 $(1+0.2)x=1.2x$원이 되지. 여기서 다시 20% 인하하면 $1.2x\times0.8$원이 돼. 반대로 상품의 가격을 20% 인하한 다음 다시 20% 인상하면 $0.8x\times1.2$원이 돼.

위 두 경우의 가격은 $1.2x\times0.8=0.8x\times1.2$이므로 서로 같아. 그리고

$$1.2\times0.8x=(1+0.2)(1-0.2)x=(1-0.04)x$$

이니까 두 경우 모두 원래의 가격보다 싸다고 할 수 있지.

a, b가 실수라면

$$(a+b)(a-b)=(a-b)(a+b)=a^2-b^2<a^2$$

이 성립하잖아. 수학적으로 생각하면 간단한 사실인데, 우리의 직관적인 생각으로만 판단하면 애매하고 복잡하게 보일 수 있어. 이것을 잊지 마.

이처럼 수학을 통해 현상을 해석하면 매우 명확하게 이해할 수 있는 경우가 많아.

그리고 수많은 위대한 결과들이 실은 위의 생각에 의존하여 얻어졌어.

현혹되지 말라,
수식으로 지혜롭게 선택하기

어느 마을에 여우, 곰, 토끼가 살고 있었어. 어느 날 이들은 각각 500만 원씩 모아서 1,500만 원으로 함께 장사를 하기로 했어. 그리고 한 달 후에 장사를 마치고 돈을 나누기로 했지.

한 달 후에 장사를 마치고 결산하게 되었는데, 여우는 다음과 같은 제안을 했어.

"투자한 돈을 뺀 수익금은 남기거나 모자람 없이 A, B, C의 방법으로 나눠 가질 수 있어. 대신 곰, 토끼 순서대로 선택하고 내가 제일 나중에 선택할게."

A. 수익금의 절반보다 1,000,000원을 적게 받는다.

B. 수익금의 $\frac{1}{3}$보다 200,000원을 많이 받는다.

C. 수익금의 $\frac{1}{4}$보다 1,000,000원을 많이 받는다.

곰은 처음에 투자한 돈이 1,500만 원이나 되는 큰 돈이니까 수익금도 클거라고 생각해서 A를 선택했어. 같은 이유로 토끼는 B를 선택했고, 남은 C는 여우의 선택이 되었어.

어떻게 생각하면 좋을까? 어떤 선택을 하는 것이 좋을까? 우선 수익금이 얼마인지 알아야 현명한 결정을 할 수 있지.

그래서 수익금을 x원이라 하면

$$\left(\frac{1}{2}x-1,000,000\right)+\left(\frac{1}{3}x+200,000\right)+\left(\frac{1}{4}x+1,000,000\right)=x$$

이 식을 간단히 하면

$\frac{13}{12}x+200{,}000=x$, 즉 $\frac{1}{12}x=-200{,}000$

그러므로 $x=-2{,}400{,}000$

이런, 수익금이 $-2{,}400{,}000$원이야!!! 오히려 손해를 봤지 뭐야!

A, B, C를 계산해 보니, 곰은 2,200,000원을 오히려 내야 하고, 토끼도 600,000원을 내야 하는데, 여우는 400,000원을 받게 되는 거네.

A. $\frac{1}{2}\times(-2{,}400{,}000)-1{,}000{,}000=-2{,}200{,}000$

B. $\frac{1}{3}\times(-2{,}400{,}000)+200{,}000=-600{,}000$

C. $\frac{1}{4}\times(-2{,}400{,}000)+1{,}000{,}000=400{,}000$

말은 가끔은 우리를 현혹할 수 있어. 수학적인 사고가 필요한 이유가 바로 여기에 있지.

미지수를 현명하게 선택하는 방법

[질문] 두 수의 합이 84이고 두 수 중 큰 수가 작은 수의 11배이다. 두 수를 구하여라.

이 문제에서 모르는 것이 두 개니까

$$\begin{cases} \text{작은 수를 } x \\ \text{큰 수를 } y \end{cases}$$

로 놓고 이 문제를 풀 수도 있지만 될 수 있으면 미지수의 종류는 적을수록 좋아.

우선 작은 수를 x로 놓으면 큰 수가 작은 수의 11배이니 큰 수는 $11x$라고 하면 돼.

두 수의 합이 84이니까 $x+11x=84$가 되지.

그러면 $12x=84$이니까 $x=7$이므로 작은 수는 7이고, 큰 수는 $11\times7=77$인 거야.

[질문] 도시 A와 도시 B를 연결하는 기찻길은 330km이다. 도시 A에서 기차가 시속 100km의 등속으로, 도시 B에서는 기차가 시속 120km의 등속으로 서로를 향하여 동시에 출발하였다. 두 기차가 만나는 지점을 구하여라. (기차의 길이는 생각하지 말자.)

*등속은 같은 속도라는 뜻이야.

이러한 문제에서는 미지수 x를 무엇이라 하면 좋을까?

x=만나는 지점?

그럼 너무 모호하지.

x=도시 A로부터 두 기차가 만나는 지점까지의 거리

(단위는 km)

라고 놓으면 돼. 그러면

도시 B로 부터 두 기차가 만나는 지점까지의 거리

$=330-x$ (단위는 km)

도시 A에서 떠난 기차가 도시 B에서 출발한 기차와 만날 때까지 걸린 시간은 $\frac{x}{100}$시간이고, 도시 B에서 떠난 기차가 도시 A에서 출발한 기차와 만날 때까지 걸린 시간은 $\frac{330-x}{120}$시간이지.

그런데 두 기차는 동시에 출발했으니까 두 기차가 출발하여 만날 때까지 걸린 시간이 같겠지? 즉, 위 두 시간은 같다는 것을 의미해.

그러므로 식은

$$\frac{x}{100}=\frac{330-x}{120}$$

이제 이 방정식을 풀어보면

$120x=33{,}000-100x$

$220x=33{,}000$

$x=150$

따라서 두 기차가 만나는 지점은 도시 A에서 기찻길로

150km만큼 떨어진 곳이야.

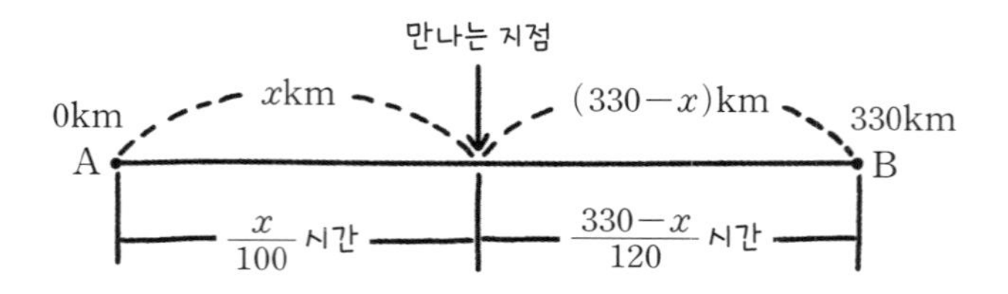

그런데 문제에서 구하라는 것은 거리이지만, 문제를 잘 해석해서 미지수 x를 다음과 같이 하는 것이 더 좋을 것 같아.

x=두 기차가 만나는 데 걸리는 시간 (단위는 시간)

이라고 하면 도시 A에서 출발한 기차는 x시간 동안 $100x$km를 달린거고,

도시 B에서 출발한 기차는 x시간 동안 $120x$km를 달린 거야.

두 기차가 만나려면 그들의 이동 거리를 합쳐서 330km가 되어야 해.

그래서 $100x+120x=330$이라는 식을 만들 수 있고, 이 식을 풀면 $x=1.5$이니까 두 기차가 만나는 데 걸린 시간은 1.5시간이 되지.

따라서 두 기차가 만나는 지점은 도시 A에서 기찻길로 150km 떨어진 곳이지.

$100\times1.5=150$(km)

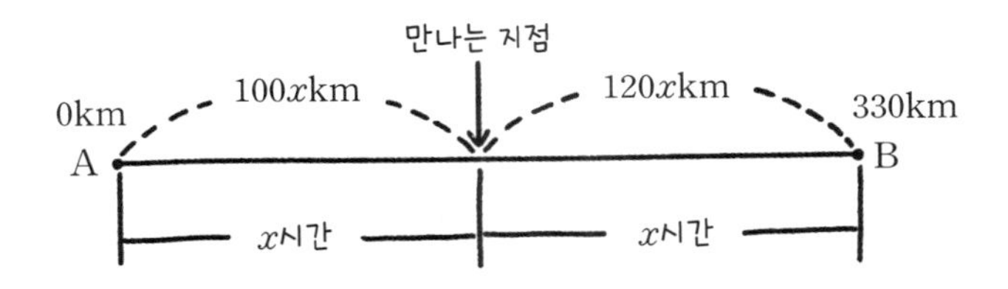

또한, 이렇게 생각할 수도 있지. 두 기차가 이동하는 시간이 같고, 두 기차가 1시간 동안 이동한 거리의 합은 220km이니까 이 두 기차는 시속 220km로 달리는 기차와 같다.

x=두 기차의 이동 거리의 합이 330km가 될 때까지 걸린 시간 (단위는 시간)

이라 할게. 그리고 '이동 거리=속도×시간'이니까

$330=220\times x$

$x=1.5$

즉, 두 기차의 이동 거리의 합이 330km가 되는 데 걸린 시간은 1.5시간인거고, 이게 두 기차가 만나는 데 걸린 시간인 거야.

따라서 두 기차가 만나는 지점은 도시 A에서 기찻길로 $100x$km, 즉 150km 떨어진 곳이지.

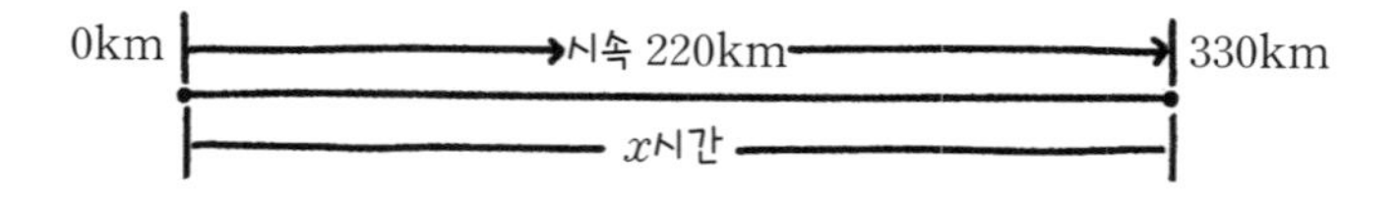

방정식으로 이해하는 자연 현상

우리 주변에서는 수학으로 설명할 수 있는 여러 가지 현상들이 항상 일어나고 있어. 예를 들면, 소리가 얼마나 빠르게 움직이는지 또는 빛이 얼마나 빠르게 이동하는지 등을 수학적으로 이해할 수 있어.

공기 중에서 소리는 기온의 영향을 받아. 기온이 올라갈수록 소리가 빨라지거든.

기온을 t라고 하면, 기온과 소리의 속력 사이 관련성을 다음과 같이 식으로 표현할 수 있어.

$$소리의 속력(m/초) = 331.5 + 0.61t$$

보통 지구의 지상 온도는 섭씨 15도 정도로 가정해. 그리고 기온이 15도일 때, 소리의 속력은

$$331.5 + 0.61 \times 15 = 340.65(m/초)$$

이거든. 그래서 보통은 소리는 공기 중에서 340m/초로 움직인다고 해. 우리는 이것을 '음속'이라고 부르는데, 이 속력보다 빠르게 움직이는 것을 '초음속'이라고 불러. 그러니까 초음속 비행기는 1초에 340m보다 더 빠르게 날 수 있는 비행기인 거야.

한편 빛은 정말 빠르게 움직여. 빛의 속력은 1초에 약 300,000,000m이지. 이건 엄청나게 빠른 거야.

번개와 천둥소리의 관계도 흥미로워. 번개가 번쩍이면 바로 그 순간에 번개가 쳤다고 생각할 수 있어. 그런데 우리가 그 천둥소리를 듣는 데에는 시간이 걸려. 번개가 쳤을 때 발생한 빛은 우리에게 아주 빠르게 도착하지만, 소리는 빛에 비해 느리게 도착하기 때문이지. 그래서 번개가 번쩍하고 나서 소리가 들릴 때까지의 시간 차이를 이용해서 번

개가 어디에 위치하는지 계산할 수 있어. 예를 들어, 번개가 번쩍이고 4초 후에 천둥소리가 들린다면, 번개가

약 340(m/초)×4(초)=약 1,360(m)

즉 약 1,360m 만큼 떨어진 곳에서 일어났다고 할 수 있어.

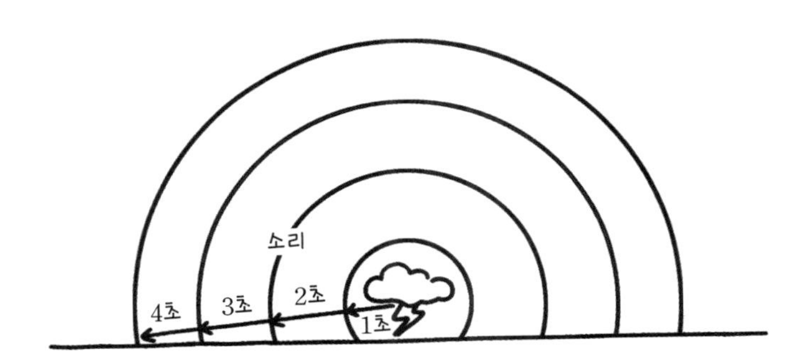

수학에 눈뜨는 순간 1

더 간단하게 생각하기

어느 날, 폰 노이만이라는 천재에게 친구가 한 가지 질문을 던졌어.

"320km 길이의 철로 양 끝에 서 있는 두 대의 기차가 서로를 향해 동시에 시속 80km로 출발했고, 이 두 기차가 충돌할 때까지 파리가 시속 120km로 두 기차 사이를 왔다 갔다 했다면, 파리는 총 몇 km을 이동했을까?"

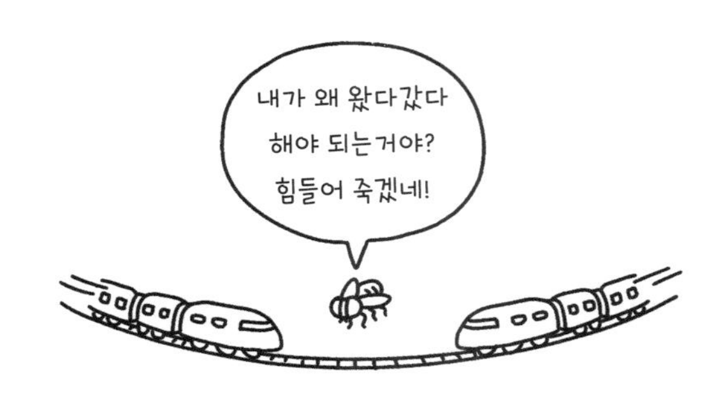

파리는 두 기차 충돌 이전까지 계속 왔다 갔다 하니까, 이 문제를 해결하기 위해 파리가 첫 번째 기차와 부닥칠 때까지의 이동 거리, 그리고 두 번째 기차와 부닥칠 때까지의 이동 거리, 이런 식으로 무수한 이동 거리를 더하는 방식으로 생각하면 매우 복잡한 문제이지만, 다음과 같은 현명한 방법으로 간단하게 해결할 수 있어.

두 기차의 속도를 합치면

시속 80km＋시속 80km＝시속 160km

이고, 두 기차가 충돌할 때까지 두 기차의 이동 거리의 합은 320km이므로 두 기차가 서로 충돌할 때까지 걸린 시간은 $\frac{320}{160}=2$, 즉 2시간이야. 그러면 파리는 2시간 동안 시속 120km로 이동한 거니까, 파리의 총 이동 거리는

$120 \times 2 = 240$(km)이지.

폰 노이만은 이 질문에 대해 바로 파리가 이동한 거리는 240km라고 답했어. 이 말은 들은 친구는 '너는 역시 천재니까 현명한 방법으로 금세 답을 냈구나.'라고 하자, 폰 노이만은 '아니, 이동 거리를 모두 더해서 풀었어.'라고 대답했다고 해. 어쨌든 폰 노이만은 천재 같아 보여.

천 번을 흔들리며 아이는 어른이 됩니다

김붕년 지음 | 값 17,800원

"아이 스스로 불안을 마주하게 하라!"
사춘기 성장 근육을 키우는 뇌 · 마음 만들기

ADHD에서 자폐 스펙트럼, 정서·행동 문제까지, 대한민국 부모들에게 전폭적인 지지와 신뢰를 받으며 진료 대기만 3년에 이르는 서울대병원 소아청소년정신과 김붕년 교수의 신작이다. 아이가 어른이 되어 가는 과정인 '사춘기'의 예민한 뇌와 마음을 지키는 근육을 키우고 단단한 인생으로 이끄는 성장 법칙을 담았다.

공부가 아이의 길이 되려면

오평선 지음 | 19,800원

"공부 정서보다 공부 신뢰가 먼저다!"
스스로 공부하는 아이를 만드는 38가지 부모 신뢰 수업

아이를 믿어주는 게 너무 어려운 학부모들에게 '부모의 신뢰'에 대한 새로운 방법론을 제시한다. 15만 독자가 선택한 베스트셀러 작가이자 26년 내공의 진로코칭 전문가 오평선이 전하는 실사례 중심 접근과 이론 바탕의 실증적인 조언들은 내 아이의 강점 혁명을 이끄는 공부 솔루션이 되어줄 것이다.

아이를 무너트리는 말, 아이를 일으켜 세우는 말

고도칸 지음 | 한귀숙 옮김, 이은경 감수 | 값 19,000원

'슬기로운초등생활' 부모교육전문가 이은경 추천!
상처 받기 쉬운 아이의 마음을 지키는 대화법 70가지

이 책은 소아청소년 정신건강의학과 전문간호사인 저자가 병동에 찾아온 아이들의 다양한 케이스를 보면서, 부모들이 아이의 마음을 무너트리기보다는 아이의 마음을 일으켜 세워 주는 대화와 행동을 해 주었으면 하는 바람을 담아 70가지 대화법으로 소개한다.

고층 입원실의 갱스터 할머니

양유진(빵먹다살찐떡) 지음 | 값 18,800원

100만 크리에이터 빵먹다살찐떡 첫 에세이
처음 고백하는 난치병 '루푸스' 투병

누군가의 오랜 아픔을 마주하는 일이 이토록 환하고 유쾌할 수 있을까? 수많은 이들에게 다정한 웃음을 선사한 크리에이터 '빵먹다살찐떡'이 지금까지 숨겨두었던 난치병 투병을 고백한다. 진솔하고 담백한 문장 속에, 생사의 갈림길마다 씩씩하게 웃을 수 있었던 섬세하고 유쾌한 긍정의 힘이 그대로 담겨 있다.

마더: 무덤에서 돌아온 여자

T.M. 로건 지음 | 천화영 옮김 | 값 22,000원

전 세계 200만 부 판매! 22개국 출간!
반전 심리 스릴러의 거장 T.M. 로건 최신작

당신에게 삶의 의미였던 모든 것이 사라진다면…?
억울하게 남편 살해 누명을 쓰고 모든 것을 빼앗긴 여자.
엄마라는 이름으로 진실을 파헤치기 위한 추적을 시작하다!

블랙워터 레인
브링 미 백

B. A. 패리스 지음 | 각 이수영, 황금진 옮김 | 값 18,800원

심리스릴러의 여왕 B. A. 패리스!
민카 켈리 주연 영화 〈블랙워터 레인〉 원작!
모든 것을 의심하게 만드는
압도적 반전 스릴러

후린의 아이들, 베렌과 루시엔, 곤돌린의 몰락

J.R.R. 톨킨 지음 | 크리스토퍼 톨킨 엮음 |
김보원 · 김번 옮김 | 각 값 39,800원

J.R.R. 톨킨 레젠다리움 세계관의 기원,
크리스토퍼 톨킨 40년 집념의 결실!
가운데땅의 위대한 이야기들

반지의 제왕
– 출간 70주년 기념 비기너 에디션

J.R.R. 톨킨 지음 | 김보원, 김번, 이미애 옮김 |
값 154,000원

가운데땅 첫 걸음을 위한
가장 완벽한 길잡이.
인생에서 꼭 한 번은 읽어야 할
영원한 판타지 걸작.

이야기 되돌아보기 1

곱셈 기호의 생략

■ 중등 수학 1-1

수와 문자, 문자와 문자 사이의 곱셈 기호 $\times$는 생략한다. 이때 수는 문자 앞에 쓰고, 문자끼리는 보통 알파벳 순서대로 쓴다. 또한, 같은 문자의 곱은 거듭제곱으로 나타내고, 괄호가 있는 곱셈에서는 곱셈 기호 $\times$를 생략하고, 수는 괄호 앞에 쓴다.

다항식

■ 중등 수학 1-1, 2-1

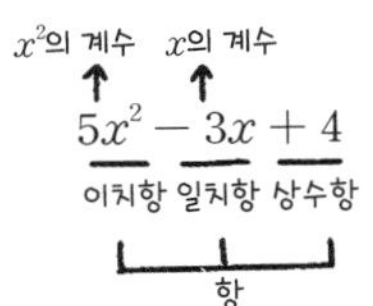

$5x^2-3x+4$에서 $5x^2$, $-3x$, 4와 같이 수나 문자의 곱만으로 이루어진 식을 항이라고 하는데, 그중에서 4와 같이 수만으로 이루어진 항은 상수항이라고 한다.

수와 문자의 곱으로 되어 있는 $5x^2$과 $-3x$에서 문자에 곱해진 수 5, -3을 각 항의 계수라고 한다.

$5x^2-3x+4$와 같이 여러 개의 항의 합으로 이루어진 식을 다항식이라고 하고, $2x$와 같이 다항식 중에서 하나의 항으로만 이루어진 식은 단항식이라고 한다.

항에서 곱해진 문자의 개수를 그 문자에 대한 항의 차수라고 하는데, 다항식에서 차수가 가장 큰 항의 차수를 그 다항식의 차수라고 한다. 즉, $2x$는 단항식이면서 일차식이고, $5x^2-3x+4$는 다항식이면서 이차식이다. $2x$, $-3x$와 같이 문자와 차수가 각각 같은 항을 동류항이라고 한다.

방정식과 항등식

■ 중등 수학 1-1

등호를 사용하여 수 또는 식이 같음을 나타낸 식을 등식이라고 하는데, 등식 중에서 미지수 x의 값에 따라 참이 되기도 하고 거짓이 되기도 하는 등식을 x에 대한 방정식이라고 한다. 그리고 이 방정식을 참이 되게 하는 미지수 x의 값을 그 방정식의 해 또는 근이라고 한다. 또한, 등식 중에서 미지수 x의 모든 값에 대하여 항상 참이 되는 등식을 x에 대한 항등식이라고 한다.

일차방정식

■ 중등 수학 1-1

등식의 모든 항을 좌변으로 이항했을 때, (x에 대한 일차식)$=0$의 꼴로 정리되는 방정식을 일차방정식이라고 한다.

등식의 성질

■ 중등 수학 1-1

① 등식의 양변에 같은 수를 더해도 등식은 성립한다.
② 등식의 양변에서 같은 수를 빼도 등식은 성립한다.
③ 등식의 양변에 같은 수를 곱해도 등식은 성립한다.
④ 등식의 양변을 0이 아닌 같은 수로 나눠도 등식은 성립한다.

2강

이차방정식으로 레벨 업!

제곱근, 인수분해, 완전제곱식, 근과 계수의 관계

시작

이차방정식은 보통 다음과 같이 생겼어.

$$ax^2+bx+c=0$$

여기서 a, b, c는 상수이고 $a\neq0$이지.

일차방정식을 공부하면서 일차방정식의 기본적인 개념과 해결 방법은 익혔어. 그런데 이차방정식으로 넘어가는 것은 마치 산을 오르다가 갑자기 훨씬 더 높은 산을 올라가는 것에 도전하는 것과 같아. 이때는 처음과는 다른, 더 험준하고 높은 지형을 마주하게 되는 거야. 이는 일차방정식에서 배운 기초적인 지식을 바탕으로 더욱 깊은 이해와 새로운 방법을 사용해 복잡한 문제를 해결하는 도전 과정이지. 등산을 할 때 처음에는 쉬운 경로로 다니다가 높은 산을 오를 때는 더 어려운 길을 마주하듯이, 수학에서도 새로운 개념과 방법을 배워 어려움을 극복해 나가며 새롭게 맞닥뜨리는 문제들을 해결해 나가지.

따라서 이차방정식으로 넘어가는 것은 새로운 지형에 도전하면서 시야를 더 넓히고, 문제 해결 능력을 향상시키며, 더 높은 지점을 향해 나아가는 것과 비슷해. 처음과는 달리 좀 더 어려운 길이지만, 노력과 인내를 통해 새로운 지식을 확보하고 성취감을 느낄 수 있는 흥미진진한 여정이 될 거야.

수학을 공부하는 여정에서 늘 그랬듯이, 이차방정식을 공부하는 여정에서도 난관이 있을 거야. 그렇지만 그 어떤 난관도 꾸준한 노력으로 해결할 수 있어. 해결해 나가면서 새로운 지식과 기쁨을 만끽해 봐. 멋진 수학여행을 응원해.

0의 놀라운 역할

방정식을 풀 때 0은 아주 중요한 역할을 해. 0을 활용하면 문제를 더 쉽게 풀 수 있어. 예를 들어, 두 수를 곱해서 3이 되는 경우를 찾고 싶을 때, 그 경우는 무수히 많아.

즉, $ab=3$을 만족하는 a, b를 구하려 할 때,

$1\times3,\ \frac{1}{2}\times6,\ \frac{2}{3}\times\frac{9}{2},\ \cdots$

등과 같이 무수히 많지.

그런데 두 수를 곱해서 0이 되는 경우를 찾는다면, 문제가 훨씬 단순해져. 즉, $ab=0$을 만족하는 a, b를 구하려면

$a=0$ 또는 $b=0$이 되면 해결이 되지.

그런데 0이 자연수에 비하여 매우 늦게 발견되었기 때문에 초기의 수의 개념에는 0이 없었어. 그래서 0이 발견되기 전에는 0의 이러한 성질을 사용할 수 없었지.

0이 없다고 가정하고 $x^2-2x=3$이란 방정식을 푼다면 $x(x-2)=3$에서 두 수를 곱하여 3이 되는 경우를 찾아야 하는데, 1×3, $\frac{1}{2}\times6$, $\frac{2}{3}\times\frac{9}{2}$, $\cdots$ 등과 같이 곱해서 3이 되는 두 수는 무수히 많기 때문에 x의 값을 구하기가 쉽지 않았겠지.

그런데 0이 있다면 항들을 모두 좌변으로 이항하여 우변이 0이 되게 하면 문제의 답을 찾는 것은 쉬워져.

$x^2-2x-3=0$에서 $(x-3)(x+1)=0$이니까 $x-3=0$ 또는 $x+1=0$이 되지. 즉, $x=3$ 또는 $x=-1$을 쉽게 구할 수 있어.

사실 0의 개념은 서양보다 동양에서 먼저 등장했어. 동양에서는 8~9세기경에 숫자 0을 사용하기 시작했고, 서양에서는 10세기경에 0의 개념이 도입되었지만, 실질적으로 0이 널리 사용되기 시작한 때는 18세기 이후였어. 그러니 그전까지 방정식의 근을 구하기가 쉽지 않았겠지.

제곱의 반대는 무엇일까?

이차방정식의 해를 찾기 위해서, 먼저 제곱근에 대해 배워야 해.

제곱은 어떤 수를 두 번 곱한 결과를 의미해. 예를 들어, 5와 5를 곱하면 5의 제곱이 되고, 그 값은 $5 \times 5 = 25$야. 그런데 흥미로운 건, (-5)와 (-5)를 곱해도 역시 25가 나온다는 거야. 즉, $(-5) \times (-5) = 25$인 거지.

제곱근은 제곱의 반대 개념이야. 어떤 수의 제곱근은 그 수를 두 번 곱했을 때 처음의 수를 얻는 값을 의미해. 다시 말해, 어떤 수 'a'의 제곱근은 'a'를 만들기 위해 제곱한 수인 거야.

그러니까 25의 제곱근은 5 또는 -5 두 개인 거야. 왜냐하면 5와 5를 곱해도 25가 되고, (-5)와 (-5)를 곱해도 25가 되기 때문이지.

여기서 잠깐! 제곱근에 대해 조금 더 공부해 볼까? 일반적으로 어떤 수 'a'의 제곱근 중 양수인 것을 양의 제곱근, 음수인 그것을 음의 제곱근이라고 하고, 기호 $\sqrt{\ }$를 사용해서 a의 양의 제곱근은 $\sqrt{a}$로 나타내고, 음의 제곱근은 $-\sqrt{a}$로 나타내. 이때 기호 $\sqrt{\ }$를 근호라고 하고, '제곱근' 또는 '루트'라고도 해. $\sqrt{a}$와 $-\sqrt{a}$를 한번에 $\pm\sqrt{a}$로 쓰기도 하지.

이와 같은 방법으로 해도 25의 제곱근은 $\pm\sqrt{25}=\pm5$인

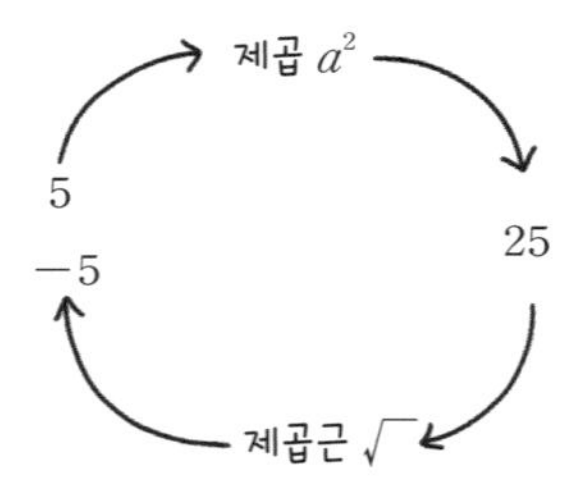

걸 알 수 있지.

$\sqrt{3}$의 근호 안에 있는 3은 유리수를 제곱한 수가 아니야. 이러한 경우 $\sqrt{3}$은 유리수가 아니고 무리수야. 같은 이유에서 $\sqrt{2}$, $\sqrt{5}$, $\sqrt{7}$ 등도 무리수야.

일반적으로 x를 거듭제곱하여 a가 될 때 x를 a의 거듭제곱근이라고 해.

만약 $x^n=a$ (n은 2이상의 자연수)이면 x를 a의 n제곱근이라고 하고 a의 n제곱근을 $\sqrt[n]{a}$ 또는 $a^{\frac{1}{n}}$이라고 쓰기로 했어. 그리고 $n=2$일 때는 제곱근, $n=3$일 때 세제곱근이라고 부르는데 제곱근, 세제곱근, n제곱근 등이 모두 거듭제곱근이야.

(x곱하기 x곱하기 x곱하기 거듭해서 곱하기 x)$=a$이면
a의 거듭제곱근은 x라니까~

다양한 모양의 이차방정식

이차방정식의 종류는 이차방정식이 어떤 모양인지에 따라 결정돼.

$$ax^2+bx+c=0$$

이때 a, b, c는 상수이고 $a\neq0$이야. 그런데 어떤 이차방정식은 일차항이 없거나, 상수항이 없을 수도 있지만 반드시 이차항은 있어야 해. 그리고 방정식의 모양에 따라 답을 찾는 방법도 다를 수 있어. 이제 방정식의 모양에 따라 어떻게 답을 구하는지 알아볼까?

이차방정식이니까 이차항은 반드시 살아 있어야 해.

일차항이 없는 이차방정식

이차방정식에서 일차항이 없다는 건 x에 곱해지는 b가 0이라는 뜻이니까

$$ax^2+c=0$$

이런 방정식을 풀 때는 답을 찾는 게 비교적 쉬워. 그냥 제곱근을 이용해서 답을 구하면 돼.

예를 들어, 이차방정식 $4x^2-12=0$의 해는 $x^2=3$의 해이니까 $x=\pm\sqrt{3}$이지.

상수항이 없는 이차방정식

이차방정식에서 상수항이 없다는 건 c가 0이라는 뜻이고, 이렇게 생겼어.

$$ax^2+bx=0$$

이런 방정식을 풀 때는 공통인수 x를 앞으로 빼서 이렇게 표현할 수 있어.

$$x(ax+b)=0$$

여기서 $x=0$ 또는 $ax+b=0$이야.

따라서 이 이차방정식의 해는 $x=0$ 또는 $x=-\frac{b}{a}$이지.

예를 들어, 이차방정식 $x^2-5x=0$의 해는 $x(x-5)=0$의 해이니까 $x=0$ 또는 $x=5$이지.

상수항과 일차항이 모두 있는 이차방정식

상수항과 일차항이 모두 있는 x에 대한 이차방정식은 다음과 같은 꼴로 나타낼 수 있어.

$$ax^2+bx+c=0\ (a\neq0,\ b\neq0,\ c\neq0)$$

이런 문제를 푸는 방법 중 하나는 인수분해라고 해. 그것은 식을 작은 조각들로 나누어서 푸는 방법이야. 그런데 때로는 이 방법이 잘 안되는 경우가 있어. 이럴 때 또 다른 방법이 완전제곱식을 사용하는 거야. 이건 특별한 방법으로 식을 다듬어서 푸는 방법이야. 또 다른 방법은 고대 바빌로니아의 이차방정식 해법을 정교하게 재조명한 수학자 포쉔 로Po-Shen Loh, 윌리엄 티모시 가워스William Timothy Gowers 등에 의해 소개된 방법이야.

완전제곱식을 이용해서 방정식을 푸는 방법은 근의 공식을 이용하는 방법과 같은 거야.

즉, 이차방정식이 있을 때 이러한 방법으로 문제를 풀 수 있어. 그 중 어떤 방법이 더 쉬운지는 그 문제의 모양에 따라 다를 거야. 이제 이 방법들을 이용해서 방정식을 푸는 방법을 하나씩 알아볼까?

인수분해를 이용한 이차방정식 풀이

다항식 x^2+4x+3은

$$x^2+4x+3=(x+1)(x+3)$$

이므로 x^2+4x+3은 두 다항식 $x+1$, $x+3$의 곱으로 나타낼 수 있어. 이처럼 하나의 다항식을 여러 개의 다항식으로 나누어 풀어서 표현할 때, 이렇게 나눠진 각각의 다항식을 처음 다항식의 인수라고 하고, 이 과정을 인수분해라고 해. 즉 인수분해는 다항식을 간단한 조각들로 나누는 것이지.

그러면 인수분해를 이용해서 이차방정식 $x^2+4x+3=0$의 근을 구해볼게.

$x^2+4x+3=(x+1)(x+3)=0$

이때 $x+1=0$ 또는 $x+3=0$

따라서 구하는 근은 $x=-1$ 또는 $x=-3$이야.

이차방정식 $ax^2+bx+c=0$을 푼다는 것은 궁극적으로는 위의 예와 같이 인수분해를 한다는 것이야. 즉,

이차방정식 $ax^2+bx+c=0$ $(a\neq0)$을 푼다. $\Leftrightarrow$ ax^2+bx+c를 일차다항식 형태로 인수분해 한다.

그런데 이차방정식에는 다음의 3가지 경우가 있어.

(1) 인수분해 된 일차다항식의 계수가 모두 유리수인 경우

위의 예와 같은 경우이지.

(2) 인수분해 된 일차다항식의 계수 중에 무리수가 존재하는 경우

$x^2+2x-2=(x+\sqrt{3}+1)(x-\sqrt{3}+1)=0$과 같은 경우인데 한눈에 보기에도 이렇게 인수분해 하는 것은 쉽지 않겠지. 따라서 이러한 경우에는 다음에 소개할 완전제곱식 방법을 활용해.

(3) 실수 계수를 갖는 일차다항식으로 인수분해가 불가능한 경우

예를 들어, $x^2+x+1=0$과 같은 경우는 실수 계수를 갖는 일차다항식으로 인수분해 할 수 없어. 이런 경우는 제3장에서 다루게 될 주제인데, 이를 해결하기 위해서는 실수보다 더 확장된 수 개념이 필요해.

그러나 이차방정식에 대하여 어떤 경우에 인수분해가 쉬운지를 판단하는 기준이 명확하지 않아. 아쉽게도 이에 대한 일반적인 판단 기준이 존재하지 않아서 이를 위해서는 다양한 문제를 다루며 경험을 쌓아야 해.

완전제곱식을 이용한 이차방정식 풀이

만약 x에 대한 이차방정식에서 $ax^2+bx+c=0$ $(a\neq0)$의 좌변을 인수분해로 나누기가 어렵다면, 다음과 같이 완전제곱식을 이용하는 특별한 방법을 사용해서 그 문제를 풀 수 있어.

$ax^2+bx+c=0$의 양변을 a로 나누면

$$x^2+\frac{b}{a}x+\frac{c}{a}=0$$

$$x^2+\frac{b}{a}x=-\frac{c}{a}$$

$$x^2+\frac{b}{a}x+\left(\frac{b}{2a}\right)^2=-\frac{c}{a}+\left(\frac{b}{2a}\right)^2$$

$$\underbrace{\left(x+\frac{b}{2a}\right)^2}_{\text{완전제곱식}}=\frac{b^2-4ac}{4a^2}$$

$$x+\frac{b}{2a}=\pm\frac{\sqrt{b^2-4ac}}{2a}$$

$$x=-\frac{b}{2a}\pm\frac{\sqrt{b^2-4ac}}{2a}=\frac{-b\pm\sqrt{b^2-4ac}}{2a}$$

이차항의 계수가 1인 이차식에서는 $\left(\text{일차항의 계수}\times\frac{1}{2}\right)^2$을 양변에 더하는 게 완전제곱식 만들기 tip이야.

분수를 사용하는 것이 귀찮다고 느낀다면, 이렇게 해볼까?

$ax^2+bx+c=0$의 양변에 $4a$을 곱하면

$$4a^2x^2+4abx+4ac=0$$

$$4a^2x^2+4abx=-4ac$$

$$4a^2x^2+4abx+b^2=-4ac+b^2$$

$$(2ax+b)^2=b^2-4ac$$

$$2ax+b=\pm\sqrt{b^2-4ac}$$

$$2ax=-b\pm\sqrt{b^2-4ac}$$

$$x=\frac{-b\pm\sqrt{b^2-4ac}}{2a}$$

완전제곱식을 이용해서 구한 x에 대한 이차방정식 $ax^2+bx+c=0$의 두 근 x_1, x_2는 다음과 같아.

$$x_1=\frac{-b+\sqrt{b^2-4ac}}{2a}$$

$$x_2=\frac{-b-\sqrt{b^2-4ac}}{2a}$$

위와 같이 이차방정식의 근을 구하는 식을 얻을 수 있는데, 이것을 이차방정식의 근의 공식이라고 해. 그런데 근호 안에 있는 b^2-4ac의 값에 따라 근의 모양이 달라질 수 있어. 그래서 $D=b^2-4ac$라고 하면 D는 근을 판별해 준다는 의미로 이차방정식의 판별식이라고 부르지.

(1) 만약 $D=b^2-4ac>0$이면

$$x_1=\frac{-b+\sqrt{b^2-4ac}}{2a}$$

$$x_2=\frac{-b-\sqrt{b^2-4ac}}{2a}$$

이차방정식은 서로 다른 두 개의 실근을 갖게 되지.

예를 들어, 이차방정식 $2x^2-5x+1=0$의 해는

$$x=\frac{-(-5)\pm\sqrt{(-5)^2-4\times2\times1}}{2\times2}=\frac{5\pm\sqrt{17}}{4}$$이야.

(2) 만약 $D=b^2-4ac=0$이면

$$x=\frac{-b\pm\sqrt{b^2-4ac}}{2a}=\frac{-b\pm\sqrt{0}}{2a}=\frac{-b}{2a}$$

이처럼 이차방정식의 두 근이 중복되니까 이차방정식의 근은 한 개이고, 중근을 갖는다고 해. 예를 들어, 이차방정식 $4x^2-12x+9=0$의 해는 다음과 같아.

$$x=\frac{-(-12)\pm\sqrt{(-12)^2-4\times4\times9}}{2\times4}=\frac{12\pm\sqrt{0}}{8}=\frac{3}{2}$$

(3) 만약 $D=b^2-4ac<0$이면 $\sqrt{b^2-4ac}$가 실수가 아니므로 이때의 이차방정식은 근이 없어.

중학교에서 수학을 공부할 때, '근'이라고 하면 실수인 근을 말하는 거야. 이때 판별식이 음수인 경우, 중학교에서는 '근이 없다'라고 배워. 그러나 고등학교에서는 수학 공부를 더 깊이 하게 되고, 판별식이 음수인 경우에도 근을 구할 수 있게 되지. 이를 이해하기 위해서는 허수라는 개념을 배우는데, 허수는 실수가 아닌 수야.

즉, 방정식 $ax^2+bx+c=0$의 좌변을 인수분해하면

$$\left(x-\frac{-b+\sqrt{b^2-4ac}}{2a}\right)\left(x-\frac{-b-\sqrt{b^2-4ac}}{2a}\right)=0$$

(단, $b^2-4ac\geq0$)

한편, $ax^2+2bx+c=0$ $(a\neq0)$과 같이 x항의 계수가 짝수라면 $x=\frac{-2b\pm\sqrt{4b^2-4ac}}{2a}$이고, 분자와 분모를 2로 나누면 근의 공식은 $x=\frac{-b\pm\sqrt{b^2-ac}}{a}$와 같이 간결하게 되지.

즉, 판별식이 $D=b^2-ac$가 되지.

예를 들어, 이차방정식 $x^2-6x-2=0$와 같은 경우 해는

$x=\dfrac{-(-3)\pm\sqrt{(-3)^2-1\times(-2)}}{1}=3\pm\sqrt{11}$인 거야.

이차방정식의 근과 계수의 관계

이차방정식에서 근을 찾을 때는 인수분해나 근의 공식을 사용해. 하지만 근을 직접 찾지 않고도 방정식의 계수만을 이용해서 근에 대한 흥미로운 정보를 얻을 수 있어. 이것을 '이차방정식의 근과 계수의 관계'라고 해. 이 관계를 알면 방정식에 대해 더 재미있는 것들을 알 수 있어. 함께 알아볼까?

x에 대한 이차방정식 $ax^2+bx+c=0$ $(a\neq0)$의 두 근을 α, β라고 하면

$$ax^2+bx+c=a(x-\alpha)(x-\beta)=0$$

여기서 $ax^2+bx+c=a(x-\alpha)(x-\beta)$이고, $a\neq0$이니까 이 식의 양변을 a로 나누면

$$x^2+\frac{b}{a}x+\frac{c}{a}=(x-\alpha)(x-\beta)$$

$$x^2+\frac{b}{a}x+\frac{c}{a}=x^2-(\alpha+\beta)x+\alpha\beta$$

각 항의 계수를 비교하면

$$\alpha+\beta=(\text{두 근의 합})=-\frac{b}{a}$$

$$\alpha\beta=(\text{두 근의 곱})=\frac{c}{a}$$

라는 관계를 얻을 수 있어.

이차항의 계수가 1인 x에 대한 이차방정식 $x^2+bx+c=0$의 두 근을 α, β라고 하면

$$\alpha+\beta=-b,\ \alpha\beta=c$$

라는 관계를 얻을 수 있지.

그런데 만약 위 관계를 이용해서 두 근이 $\alpha+3$, $\beta+3$인 x에 대한 이차방정식을 구하면

$$(\text{두 근의 합})=(\alpha+3)+(\beta+3)=\alpha+\beta+6$$
$$=-b+6$$
$$(\text{두 근의 곱})=(\alpha+3)(\beta+3)=\alpha\beta+3(\alpha+\beta)+9$$
$$=c-3b+9$$

이므로

$$x^2-(-b+6)x+c-3b+9=0$$
$$x^2+(b-6)x+c-3b+9=0$$

고대 바빌로니아의 아이디어로 이차방정식 풀기

x에 대한 이차방정식 $x^2+bx+c=0$에서 두 근을 α, β $(\alpha \leq \beta)$라 하면 근과 계수의 관계에서

$\alpha+\beta=-b$, $\alpha\beta=c$

그럼 두 근 α, β의 평균값은 $\frac{\alpha+\beta}{2}=-\frac{b}{2}$이지.

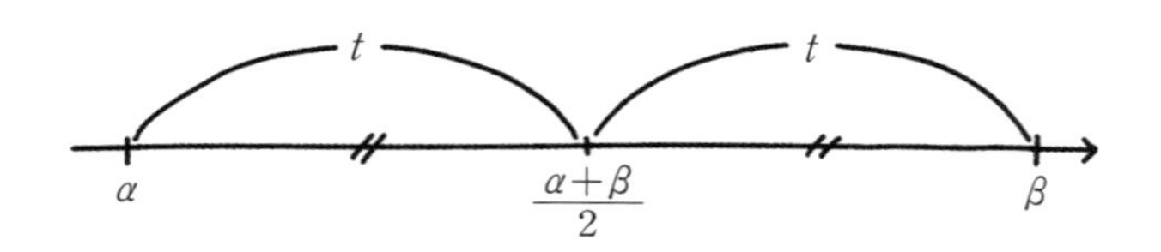

$\alpha=\frac{\alpha+\beta}{2}-t$, $\beta=\frac{\alpha+\beta}{2}+t$ $(t \geq 0)$라고 하면

$\alpha=-\frac{b}{2}-t,\ \beta=-\frac{b}{2}+t$

이때 $c=\alpha\beta=\left(-\frac{b}{2}-t\right)\left(-\frac{b}{2}+t\right)=\frac{b^2}{4}-t^2$이므로

$t^2=\frac{b^2}{4}-c$

따라서 $t=\sqrt{\frac{b^2}{4}-c}$

이렇게 구한 t의 값으로 결국 두 근 α, β의 값을 찾을 수 있어.

$$\alpha=-\frac{b}{2}-\sqrt{\frac{b^2}{4}-c}=\frac{-b-\sqrt{b^2-4c}}{2}$$

$$\beta=-\frac{b}{2}+\sqrt{\frac{b^2}{4}-c}=\frac{-b+\sqrt{b^2-4c}}{2}$$

이 방법은 매우 간단해서 근의 공식을 따로 외울 필요가 없이 쉽게 근을 구할 수 있어.

x에 대한 이차방정식 $ax^2+bx+c=0$ $(a\neq0)$의 경우에도 마찬가지야. 방정식의 양변을 a로 나누면 $x^2+\frac{b}{a}x+\frac{c}{a}=0$의 꼴이 되니 이 방법을 적용할 수 있지. 이 방식으로 근을 구하는 과정을 순서대로 정리하면

(1) $\alpha = -\frac{b}{2} - t$, $\beta = -\frac{b}{2} + t$ $(t \geq 0)$로 놓는다.

(2) $c = \alpha\beta = \left(-\frac{b}{2} - t\right)\left(-\frac{b}{2} + t\right) = \frac{b^2}{4} - t^2$에서 t를 구한다.

예를 들어, 이차방정식 $x^2 + 4x - 7 = 0$에서 두 근을 α, β라고 하면

$\alpha = -\frac{4}{2} - t = -2 - t$, $\beta = -\frac{4}{2} + t = -2 + t$

$-7 = \alpha\beta = (-2 - t)(-2 + t) = 4 - t^2$

즉, $t^2 = 11$

$t \geq 0$이므로 $t = \sqrt{11}$

따라서 두 근은 $\alpha = -2 - \sqrt{11}$, $\beta = -2 + \sqrt{11}$이지.

이차항과 상수항의 계수를 서로 바꾸면 어떻게 될까?

x에 대한 이차방정식 $ax^2+bx+c=0$ $(a\neq0,\ c\neq0)$에서 두 근을 x_1, x_2라 할 때, $\frac{1}{x_1}$, $\frac{1}{x_2}$을 두 근으로 하는 이차방정식은 어떠한 모양일까?

근과 계수의 관계에 따라

$x_1+x_2=-\frac{b}{a}$

$x_1x_2=\frac{c}{a}$

그럼

$$\frac{1}{x_1}+\frac{1}{x_2}=\frac{x_1+x_2}{x_1x_2}=\frac{-\frac{b}{a}}{\frac{c}{a}}=-\frac{b}{c}$$

$$\frac{1}{x_1}\times\frac{1}{x_2}=\frac{1}{x_1x_2}=\frac{1}{\frac{c}{a}}=\frac{a}{c}$$

다시 돌아와서 근과 계수의 관계에 따라 $\frac{1}{x_1}$, $\frac{1}{x_2}$을 두 근으로 하는 이차방정식은

$$x^2-\left(\frac{1}{x_1}+\frac{1}{x_2}\right)x+\frac{1}{x_1}\times\frac{1}{x_2}=0$$

$$x^2-\left(-\frac{b}{c}\right)x+\frac{a}{c}=0$$

이니까

$cx^2+bx+a=0$ $(c\neq0,\ a\neq0)$이지.

다른 방법도 있어. x_1, x_2를 두 근으로 하는 이차방정식이 $ax^2+bx+c=0$ $(a\neq0,\ c\neq0)$이라고 할 때, $a{x_1}^2+bx_1+c=0$이 성립하지. 이 이차방정식의 양변을 ${x_1}^2$으로 나누면

$$a+b\frac{1}{x_1}+c\frac{1}{{x_1}^2}=0,\ \text{즉}\ c\frac{1}{{x_1}^2}+b\frac{1}{x_1}+a=0$$

그럼 $\frac{1}{x_1}$이 $cx^2+bx+a=0$의 근이라는 것을 알 수 있지.

같은 방법으로 $\frac{1}{x_2}$도 $cx^2+bx+a=0$의 근이야.

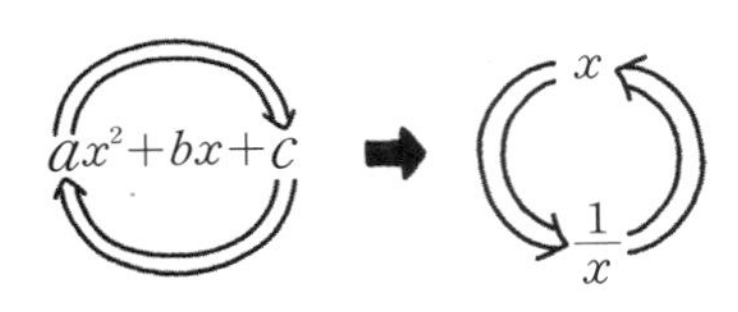

예를 들어, 이차방정식 $x^2-4x+3=0$은

$x^2-4x+3=(x-1)(x-3)=0$이므로 두 근이 1, 3이지.

이때 1과 $\frac{1}{3}$을 해로 가지는 이차방정식은

$3x^2-4x+1=0$이야.

또한, 이차방정식 $6x^2+5x+1=0$의 두 근을 구할 때, 먼저 $x^2+5x+6=(x+2)(x+3)=0$의 두 근 -2, -3을 구하고, 두 근의 역수를 취하여 $6x^2+5x+1=0$의 두 근 $-\frac{1}{2}$, $-\frac{1}{3}$을 구할 수도 있지.

알고 보면 이차방정식 형태

$$\frac{2}{x}+\frac{2}{x-3}=1$$

방정식에서는 분모는
0이면 안 되니까
$x \neq 0$, $x \neq 3$이야.

의 양변에 $x(x-3)$을 곱하면

$2x-6+2x=x^2-3x$, 즉 이차방정식 $x^2-7x+6=0$이 되고 좌변을 인수분해 하면

$(x-1)(x-6)=0$, 즉 $x=1$ 또는 $x=6$이지.

도시 A와 도시 B를 연결하는 기찻길이 있어. 도시 A에서 출발한 급행열차와 도시 B에서 출발한 완행열차는 서로를 향해 동시에 등속으로 출발했지. 급행열차가 항상 완행

열차보다 종착 도시에 3시간 빨리 도착한다는 사실을 고려할 때, 2시간 후 두 기차가 만날 경우, 완행열차가 종착 도시에 도착하는 데 걸리는 시간은 얼마나 될까?

도시 B를 출발한 완행열차가 종착 도시 A에 도착하는 데 x시간 걸린다고 하면 도시 A를 출발한 급행열차가 종착 도시 B에 도착하는 데는 $x-3$시간이 걸려.

그럼 두 열차가 출발한 후 2시간 동안 완행열차는 전체 거리의 $\frac{2}{x}$만큼 왔을 것이고, 급행열차는 전체 거리의 $\frac{2}{x-3}$만큼 왔을 거야. 그리고 그때 두 기차가 만났으니

$$\frac{2}{x}+\frac{2}{x-3}=1$$

이라는 방정식을 얻을 수 있지. 그러면 위의 방정식을 풀면 $x=1$ 또는 $x=6$이야. 그런데 $x=1$이면 $x-3=-2$가 되니까 가능한 답이 아니야. 따라서 $x=6$, 즉 6시간이 답이야.

따라서 완행열차가 종착 도시에 도착하는 데 걸리는 시간은 6시간이지.

미지수를 바꾸면 방정식이 어떻게 변할까?

방정식을 해결하는 한 가지 방법은 '치환'을 사용하는 것인데, 이것은 방정식에서 변수를 다른 변수로 바꾸는 것을 말해. 그러면 계산이 좀 더 쉬워지고, 문제를 푸는 데 도움이 돼.

$$x^4-2x^2-3=0$$

이 방정식은 사차방정식이지만 $x^2=z$로 놓으면
$x^4-2x^2-3=0$은 $z^2-2z-3=0$으로 z에 대한 이차방정식 꼴이 되지. 이때 $z^2-2z-3=(z+1)(z-3)=0$이니까 $z=-1$ 또는 $z=3$, 즉 $x^2=-1$ 또는 $x^2=3$임을 구할 수 있어. 그런데 x는 실수니까 x^2은 음수가 될 수 없어. 따라서

$x^2=3$이므로 해는 $x=\pm\sqrt{3}$이야.

만약 α가 방정식 $ax^2+bx+c=0$의 근이라면

$a\alpha^2+b\alpha+c=0$이 되지.

그렇다면 $\frac{\alpha}{1+\alpha}$가 근인 이차방정식은 무엇일까?

치환을 이용해서 찾아볼게.

$z=\frac{\alpha}{1+\alpha}$이라고 놓으면 $z+z\alpha=\alpha$, $(z-1)\alpha=-z$이므로

$\alpha=-\frac{z}{z-1}$이지.

자, 이제 $a\alpha^2+b\alpha+c=0$에 $\alpha=-\frac{z}{z-1}$를 넣으면

$$a\frac{z^2}{(z-1)^2}-b\frac{z}{z-1}+c=0$$

위 식의 양변에 $(z-1)^2$을 곱하면

$$az^2-bz(z-1)+c(z-1)^2=0$$

위 식을 정리하면

$$(a-b+c)z^2+(b-2c)z+c=0$$

이고,

이 식은 근이 $z=\frac{\alpha}{1+\alpha}$인 이차방정식인 거야.

다시 정리하면, α가 방정식 $ax^2+bx+c=0$의 근이라면 $\frac{\alpha}{1+\alpha}$가 근인 이차방정식은

$$(a-b+c)x^2+(b-2c)x+c=0$$

인 거야.

결론은, 방정식 $ax^2+bx+c=0$의 두 근이 x_1, x_2라면 $(a-b+c)x^2+(b-2c)x+c=0$의 방정식의 두 근은 $\frac{x_1}{1+x_1}$, $\frac{x_2}{1+x_2}$가 되지.

예를 들어, 이차방정식 $x^2-3x+2=0$의 두 근이 1, 2야.

그러면 $\frac{1}{1+1}=\frac{1}{2}$, $\frac{2}{1+2}=\frac{2}{3}$를 해로 가지는 이차방정식은 위의 설명을 적용하면

$$(1+3+2)x^2+(-3-4)x+2=0$$

즉, $6x^2-7x+2=0$이야.

인도의 수학자 바스카라(1114~1185)가 쓴 리라바티

Lilavati에는 다음과 같은 문제가 있는데 같이 풀어볼까?

한 무리의 거위가 있었는데, 구름이 몰려오는 것을 보고 걱정이 되었는지 그 무리의 거위 수의 제곱근에 10배 한 수만큼의 거위가 마나사 호수로 날아갔고, 무리 중 $\frac{1}{8}$은 스달라파드미니 숲으로 날아갔어. 하지만 아무런 걱정 없다는 듯이 남아 있는 6마리의 거위들은 연꽃 사이에서 놀고 있어. 예쁜 소녀야 말해주겠니? 원래 무리에는 몇 마리의 거위가 있었는지.

무리의 거위 수를 x로 놓고 위의 이야기를 식으로 쓰면

$10\sqrt{x}+\frac{1}{8}x+6=x$

$\frac{7}{8}x-10\sqrt{x}-6=0$, 즉 $7x-80\sqrt{x}-48=0$

이 방정식은 이차방정식의 꼴은 아니지만 $z=\sqrt{x}$로 놓으면 $7x-80\sqrt{x}-48=0$은 $7z^2-80z-48=0$이 되지.

$7z^2-80z-48=(7z+4)(z-12)=0$이니까 $z=-\frac{4}{7}$ 또는 $z=12$야. 그런데 $z=\sqrt{x}$는 음수가 될 수 없으니까

$z=12$, 즉 $x=144$인 거야. 따라서 원래 무리에는 144마리의 거위가 있었던 거지.

한편으로, $(\sqrt{x})^2=x$이므로 $7x-80\sqrt{x}-48=0$을 이차 방정식 형태로 생각하고 이 문제를 풀 수도 있어.

즉, $7x-80\sqrt{x}-48=(7\sqrt{x}+4)(\sqrt{x}-12)=0$이므로 $\sqrt{x}=-\frac{4}{7}$ 또는 $\sqrt{x}=12$이지. 그리고 $\sqrt{x}$는 음수가 될 수 없으니 $\sqrt{x}=12$이고, 이때도 결국 $x=144$인 거야.

황금비

아래 문제를 풀어볼래?

세로의 길이가 1이고 가로의 길이가 세로의 길이보다 긴 직사각형이 있는데, 여기서 세로를 한 변으로 하는 정사각형을 잘라냈을 때 남은 직사각형이 원래 직사각형을 축소한 모양, 즉 닮음인 직사각형이 되게 하려면 가로의 길이는 얼마가 되어야 할까?

원하는 것은 직사각형의 가로의 길이를 알아내는 것이니, 그것을 x라고 하자.

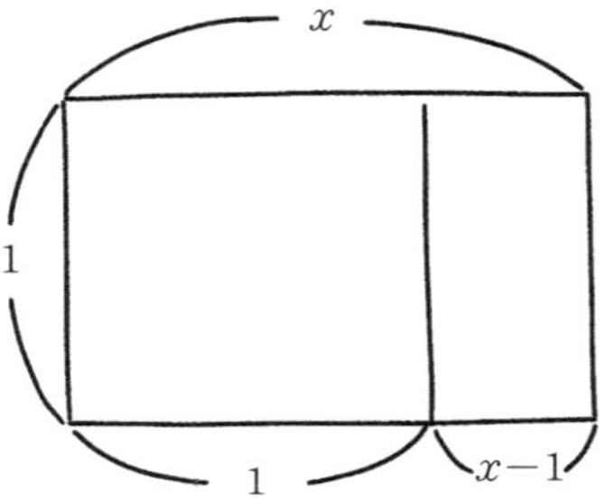

그러면 처음 큰 직사각형의 세로의 길이는 1이고, 가로의 길이는 x야. 반면에 남은 직사각형의 가로의 길이는 $x-1$, 세로의 길이는 1이지. 그런데 두 직사각형은 닮음이니

$x:1=1:x-1$, 즉 $x(x-1)=1$

$x^2-x-1=0$이니까 $x=\frac{1\pm\sqrt{5}}{2}$인데 가로의 길이는 양수니까 $x=\frac{1+\sqrt{5}}{2}$인 거야. 그리고 이때 처음 직사각형의 세로의 길이와 가로의 길이의 비는 $1:x=1:\frac{1+\sqrt{5}}{2}$이지.

그리스인들은 사물에서 아름다움을 느끼려면 우리의 눈과 사물 사이에 거리가 필요하다고 생각했어. 이 거리감이 아름다움을 느끼는 전제 조건이라 여겼지. 또한 거리감은 길이라는 수를 통해 측정할 수 있고, 길이의 어떠한 수적인 비의 관계로 인해 아름다움을 느낀다고 생각한 거야.

그중에서 피타고라스 학파는 수적인 비례를 통해 화음을 발견했을 뿐만 아니라 그동안 그들이 발견한 우주의 섭리를 궁극적으로는 수의 비례개념으로 표현할 수 있었지. 그래서 피타고라스는 우주의 질서와 조화가 결국은 수의 원리에 따라 이해될 수 있기 때문에 “만물의 근원은 수이다.”라고 했어. 이후 그리스인들은 건축물이나 조각상에서 아름다움을 얻기 위해 수적인 비례관계를 적용했고, 인간의 신체에서도 이상적인 수적인 비례관계를 끌어내고자 했어.

특히 $1:\frac{1+\sqrt{5}}{2}$의 길이 비를 아름다움과 연관시켰고, 이후에 이 비를 황금비라고 부르게 되었지. 한편, 피타고라스 학파는 정오각형에서 한 변의 길이와 대각선 길이의 비가 $1:\frac{1+\sqrt{5}}{2}$로 황금비를 이루는 것을 발견했어. 이 황금비로 인해 중세 교회 그림에 정오각형 모양이 종종 이용되었어.

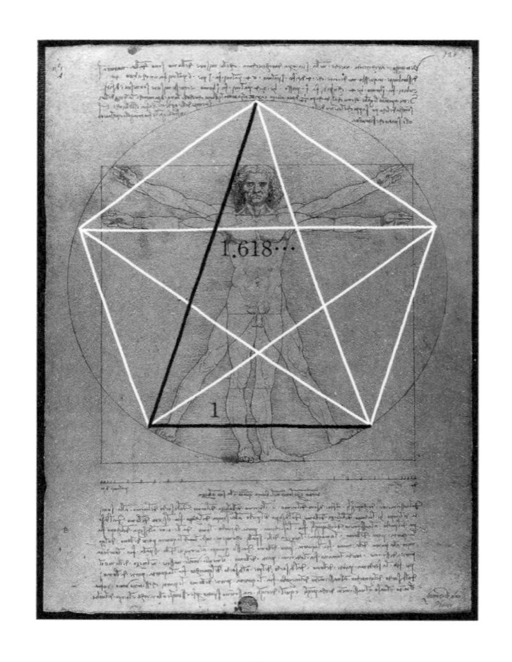

* 참고로, $\frac{1+\sqrt{5}}{2}=1.618\cdots$이다.

그리스인들의 아름다움에 대한 추구는 전반적인 문화를 통해서 드러났을 뿐 아니라 아름다움을 수학적으로 분석하여 심오한 학문적인 성과를 이루게 했어.

이야기 되돌아보기 2

제곱근

■ 중등 수학 3-1

어떤 수 x를 제곱하여 음이 아닌 수 a가 되면 x를 a의 제곱근이라고 한다. 예를 들면, 2와 -2를 제곱하면 4가 되고, 4의 제곱근은 2와 -2이다. 실수의 범위에서 양수의 제곱근은 양수와 음수 2개가 있고, 0의 제곱근은 0한 개 뿐이고, 제곱해서 음수가 되는 수는 없으므로 음수의 제곱근은 없다.

제곱근은 기호 $\sqrt{\ }$ (근호)로 나타내고, '제곱근' 또는 '루트'라고 읽는다. 혼동하지 말아야 할 것은, 5의 제곱근은 $\sqrt{5}$, $-\sqrt{5}$이지만 제곱근 5는 $\sqrt{5}$이다.

이차방정식

■ 중등 수학 3-1

등식의 모든 항을 좌변으로 이항했을 때, (x에 대한 이차식)$=0$의 꼴로 정리되는 방정식을 이차방정식이라고 한다.

일차항의 계수가 0인 $ax^2+c=0$의 꼴인 x에 대한 이차방정식은 제곱근을 이용해서 해를 구하고, 상수항이 0인 $ax^2+bx=0$의 꼴인 x에 대한 이차방정식은 공통인수 x로 식을 정리해서 해를 구한다. 일반적으로 $ax^2+bx+c=0$의 꼴인 x에 대한 이차방정식은 인수분해 또는 완전제곱식, 근의 공식 등을 이용해서 해를 구한다.

이차방정식의 근의 공식

■ 중등 수학 3-1

x에 대한 이차방정식 $ax^2+bx+c=0$의 근은 $x=\dfrac{-b\pm\sqrt{b^2-4ac}}{2a}$이다.

이때 일차항의 계수가 짝수이면, 즉 $ax^2+2b'x+c=0$의 근은

$x=\dfrac{-b'\pm\sqrt{b'^2-ac}}{a}$이다.

근의 판별

■ 중등 수학 3-1, 고등 수학 1-1

x에 대한 이차방정식 $ax^2+bx+c=0$의 판별식을 D라 하면

$D=b^2-4ac$이고, $D=b^2-4ac>0$이면 서로 다른 두 실근을 갖고,

$D=b^2-4ac=0$이면 한 개의 근(중근)을 갖고,

$D=b^2-4ac<0$이면 실수인 근은 없다.

이차방정식의 근과 계수의 관계

■ 고등 수학 1-1

x에 대한 이차방정식 $ax^2+bx+c=0$의 두 근을 α, β라고 하면

(두 근의 합)$=\alpha+\beta=-\dfrac{b}{a}$, (두 근의 곱)$=\alpha\beta=\dfrac{c}{a}$

이고, 이차방정식은 다음과 같이 나타낼 수 있다.

$$\begin{aligned} ax^2+bx+c=0 &\Leftrightarrow a(x-\alpha)(x-\beta)=0 \\ &\Leftrightarrow a\{x^2-(\alpha+\beta)x+\alpha\beta\}=0 \end{aligned}$$

3강

중학교 수학을 넘어
새로운 눈으로

허수, 허근, 고차방정식의 근과 계수의 관계

시작

중학교 수학 수업에서 방정식을 공부할 때는 실수 안에서 해를 구하는 법을 공부하고 있어. 그러나 실제로 방정식의 해를 구하다 보면 때로는 판별식이 음수가 되는 경우가 발생하기도 하고, 실수 안에서 해결되지 않는 상황이 종종 발생하기도 해.

허수는 이런 한계를 극복하기 위해 등장한 개념 중 하나야. 이 수학적 발상의 전환은 중학교 수준을 넘어서지만 허수의 도입은 해결되지 않던 수학의 어려운 난관을 해결하는데 큰 도움이 되었어.

자, 이제 수학자들의 멋진 수학적 발상을 알아보도록 할까?

새로운 사고 방식은 새로운 결과를 낳는다.

_알버트 아인슈타인

발상의 전환, 허수의 등장

제곱하면 2가 되는 수는 무엇일까?

2의 제곱근인 $\pm\sqrt{2}$이지.

제곱하면 1이 되는 수는 무엇일까?

1의 제곱근인 $\pm\sqrt{1}=\pm1$이지.

제곱하면 0이 되는 수는 무엇일까?

0의 제곱근인 $\pm\sqrt{0}=0$이야.

그렇다면 무엇을 제곱하면 -1이 될까? 즉, -1의 제곱근은 무엇일까?

다시 말해서 $x^2=-1$, 즉 $x^2+1=0$을 만족하는 해는 무엇일까?

이 해를 구하는 것은 실수의 범위에서는 가능하지가 않아서 수학자들이 어떻게 이 문제를 해결해야 하나 고민하게 되었어. 수학자들은 이 식을 만족하는 '상상의 수 Imaginary Number'를 도입했어. 그래서 '상상한다'라는 뜻을 가진 영어의 imagine의 첫 글자 i을 써서 상상의 수 i를 생각해냈고, $i^2=-1$로 나타내게 된거야. 다시 말해서 $i=\sqrt{-1}$이고, -1의 제곱근은 $\pm i$인 거야.

이 수는 수학에서 아주 특별한 역할을 하는 수야. 이 상상의 수를 도입한 후로는 이차방정식의 해를 찾는 것이 훨씬 쉬워졌어.

상상의 수 i를 생각하기 이전에는 $x^2+a=b$라는 방정식의 해는 $x=\pm\sqrt{b-a}$에서 'b가 a보다 크거나 같다.'라는 조건이 필요했지만 상상의 수 i를 생각한 이후로는 a가 b보다 큰 경우에도 해를 구할 수 있게 되었어. 즉, 조건에 관계없이 해를 구할 수 있게 된 거야.

예를 들어, $x^2+5=2$의 경우

$$x=\pm\sqrt{2-5}=\pm\sqrt{(5-2)\times(-1)}$$
$$=\pm\sqrt{3}\sqrt{-1}=\pm\sqrt{3}i$$

와 같이 해를 구할 수 있게 되었고, 나아가서는 모든 이차 방정식의 해를 구할 수 있게 된 거야.

그리고 그 이후로는 실제로 쓰던 실수real number a와 상상의 수 bi가 결합한 복합의 수 $a+bi$가 정말 우리가 알고 있는 수처럼 행동하기 시작했어. 때마침 데카르트에 의하여 좌표라는 개념이 생겨나서 평면의 점의 위치를 순서쌍 (a, b)로 나타내어 표기하였지.

그런데 (a, b)를

$$(a, b)=(a, 0)+(0, b)=a(1, 0)+b(0, 1)$$

로 분해한 다음 $(1, 0)$은 1로, $(0, 1)$은 i로 쓰는 생각을 했고, (a, b)를 $a+bi$로 표현할 수 있게 되었어.

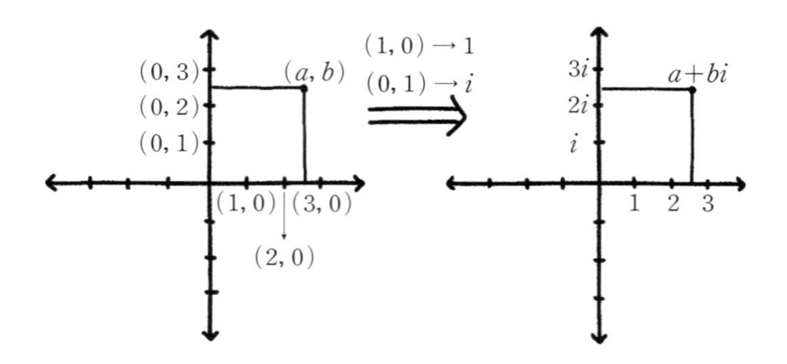

$(a, b)=a+bi$로 나타내어 보니 이 평면의 점들 사이에

$(a, b)+(c, d)$
$=(a+bi)+(c+di)=(a+c)+(b+d)i$
$=(a+c, b+d)$
$(a, b)-(c, d)$
$=(a+bi)-(c+di)=(a-c)+(b-d)i$
$=(a-c, b-d)$

덧셈과 뺄셈이 가능하고, 또한, 평면의 점들 사이에

$(a, b)\times(c, d)$
$=(a+bi)\times(c+di)=(ac-bd)+(bc+ad)i$
$=(ac-bd, bc+ad)$
$(a, b)\div(c, d)$
$=\frac{a+bi}{c+di}=\frac{(ac+bd)+(bc-ad)i}{c^2+d^2}$
$=\left(\frac{ac+bd}{c^2+d^2}, \frac{bc-ad}{c^2+d^2}\right)$

곱셈과 나눗셈도 할 수 있어서 평면의 점을 수처럼 생각할 수가 있게 되었어.

이 복합의 수 $a+bi$를 우리는 복소수complex number라고 부르지.

놀라운 일은 평면의 점을 수처럼 표현하는 유일한 방법은 상상의 수 i를 쓰는 것이야. 다시 말하면 평면을 가장 잘 나타내는 방법은 복소수를 사용하는 거지. 이것은 평면 자체가 가진 수 개념이 복소수이기 때문이야.

복소수는 평면을 나타내는 수이기에 파동방정식, 전기공학 이론 등에서 사용되었고 양자역학을 낳게 한 이론들도 복소수를 근간으로 문제를 해결해 나갔지. 복소수의 출현으로 새로운 학문 분야가 탄생하였으며 많은 난제가 해결되었지.

제곱하면 -1이 나오는 수라는 생각이 처음에는 비현실적이고 불가능한 것처럼 보였지만 상상의 수라고 이름을

붙이는 순간 그 수는 생명력을 갖게 되었고 신비롭고 놀라운 일들이 일어났어.

우리나라에서는 상상의 수 i를 도입할 때, '허'라는 단어를 사용하여 허수라고 했어. '허'라는 단어는 '상상'이라는 뜻도 있지만, 때로 '허상'이나 '헛것'과 같은 부정적인 이미지가 있어. 그런데 앞에서 이야기했듯이 허수는 수학적으로 매우 중요한 수이고, 우리에게 많은 도움을 주는 수야. 따라서 허수에 대한 부정적인 이미지를 가지지 말고, 불가능한 것처럼 보였던 것도 가능하게 만든 멋진 수로 기억해야 해.

여러분이라면 '허수'라는 이름 대신 어떤 이름을 붙일 수 있겠어? 다시 한 번 이야기하지만 이름을 붙이는 것은 중요해. 이름이 무언가의 본질을 나타내고, 새로운 세계를 열어갈 수 있기 때문이지. 이름을 지을 때는 항상 신중하게 생각해야 해. 그래서 우리 조상들은 아이들의 이름을 붙여줄 때, 생각에 생각을 거듭해 신중하게 이름을 붙여주었어. 그 이름이 그 아이의 인생에 커다란 영향을 미친다는 것을 알았기 때문이지.

서로 다른 두 허근

x에 대한 이차방정식 $ax^2+bx+c=0$ $(a\neq0)$에서

$$x_1=\frac{-b+\sqrt{b^2-4ac}}{2a}$$

$$x_2=\frac{-b-\sqrt{b^2-4ac}}{2a}$$

만약 $D=b^2-4ac<0$이면 $\sqrt{b^2-4ac}$는 실수가 아니고, 허수가 되지.

고등학교에서는 판별식이 음수인 경우에도 '근'이 있고, 이러한 경우 이차방정식은 서로 다른 두 허근을 가진다고 해. 실제로는 두 근은 서로 다른 복소수이지만, 복소수근이

아닌 허근이라고 해.

예를 들어, 이차방정식 $2x^2-2x+1=0$의 두 근은

$$x=\frac{-(-2)\pm\sqrt{(-2)^2-8}}{2\times2}=\frac{2\pm\sqrt{-4}}{4}$$

$$=\frac{2\pm\sqrt{4}\sqrt{-1}}{4}=\frac{2\pm\sqrt{4}i}{4}=\frac{1\pm i}{2}$$

요약하면 중학교에서는 '근'이라고 하면 실수인 근을 의미하므로 이차방정식의 판별식 D가

$D>0$이면 서로 다른 두 근

$D=0$이면 서로 같은 근인 중근

$D<0$이면 근이 없다.

라고 해.

그런데 고등학교에서는

$D>0$이면 서로 다른 두 실근

$D=0$이면 서로 같은 근인 중근

$D<0$이면 서로 다른 두 허근

이라고 해.

이때 b^2-4ac에서 $ac\leq0$이면 $b^2-4ac\geq0$이니까 허근이 존재하지 않는다는 것을 알 수 있지. x^2의 계수가 양수이고, 상수항이 양수가 아닌 경우, 즉 $a>0$, $c\leq0$이면 이차방정식은 항상 실근을 가져. 예를 들어, 이차방정식 $3x^2+bx-5=0$에서 b가 어떠한 값을 갖더라도 이 이차방정식은 실근을 갖게 되는 거야.

이차방정식을 해결하는 것은 본질적으로 일차식으로 인수분해 하는 과정을 의미하는데, 복소수 계수를 허용한다면 이차방정식은 항상

$$ax^2+bx+c$$

$$=\left(x-\frac{-b+\sqrt{b^2-4ac}}{2a}\right)\left(x-\frac{-b-\sqrt{b^2-4ac}}{2a}\right)=0$$

과 같이 일차식으로 인수분해 할 수 있어. 즉,

> 이차방정식 $ax^2+bx+c=0$ $(a\neq0)$은 언제나 일차 다항식 형태로 인수분해 할 수 있다. 다만 여기서 일차 다항식의 계수는 복소수일 수 있다. 따라서 복소수 근을 허용한다면 이차방정식은 언제나 해를 가지게 된다.

여기서는 증명하지 않겠지만 고차방정식에도 다음이 성립해.

> n차방정식 $a_nx^n+\cdots+a_1x+a_0=0$ $(a_n\neq 0)$은 언제나 일차다항식 형태로 인수분해 할 수 있다. 다만 여기서 일차다항식의 계수는 복소수일 수 있다. 따라서 복소수 근을 허용한다면 n차방정식은 언제나 해를 가지게 된다.

즉, n차방정식이 주어졌을 때, 실수 체계에서 해를 찾기 불가능한 경우도 복소수 체계에서는 가능해. 이러한 측면에서 복소수는 완벽한 수이지.

고차방정식의 근과 계수의 관계

방정식에서는 근과 계수 사이에 특별한 관계가 있어.

일차방정식 $ax+b=0$ $(a\neq0)$에서 근과 계수의 관계는 다음과 같지.

$$x=-\frac{b}{a}$$

이차방정식 $ax^2+bx+c=0$ $(a\neq0)$의 두 근을 α, β라고 하면 다음과 같은 근과 계수의 관계가 있어.

$$\alpha+\beta=-\frac{b}{a}$$

$$\alpha\beta=\frac{c}{a}$$

삼차방정식 역시 근과 계수 사이에 특별한 관계가 있지. 삼차방정식 $ax^3+bx^2+cx+d=0$ $(a\neq 0)$의 세 근을 α, β, γ라고 하면

$$ax^3+bx^2+cx+d=a(x-\alpha)(x-\beta)(x-\gamma)=0$$

이야.

$$a\left(x^3+\frac{b}{a}x^2+\frac{c}{a}x+\frac{d}{a}\right)$$
$$=a\{x^3-(\alpha+\beta+\gamma)x^2+(\alpha\beta+\beta\gamma+\gamma\alpha)x-\alpha\beta\gamma\}$$

위 식의 양변을 a로 나누면

$$x^3+\frac{b}{a}x^2+\frac{c}{a}x+\frac{d}{a}$$
$$=x^3-(\alpha+\beta+\gamma)x^2+(\alpha\beta+\beta\gamma+\gamma\alpha)x-\alpha\beta\gamma$$

각 항의 계수를 비교하면

$$\alpha+\beta+\gamma=-\frac{b}{a}$$

$$\alpha\beta+\beta\gamma+\gamma\alpha=\frac{c}{a}$$

$$\alpha\beta\gamma=-\frac{d}{a}$$

라는 관계가 있음을 알 수 있어.

잘 살펴보면 근과 계수의 관계에는 공통점이 있어. 근과 계수의 관계에서 분모는 차수가 가장 높은 항의 계수에 해당해. 그리고 근을 모두 더한 합의 분자는 차수가 두 번째로 높은 항과 관련이 있고, 근을 두 개씩 곱해서 모두 더한 합의 분자는 차수가 세 번째로 높은 항과 관련이 있지. 또한, 근을 모두 곱한 것의 분자는 상수항과 관련이 있어.

이러한 근과 계수의 관계는 사차방정식에서도 같은 규칙으로 나타나.

즉, 사차방정식 $ax^4+bx^3+cx^2+dx+e=0$ $(a\neq0)$의 네 근을 α, β, γ, δ라고 하면 다음의 관계가 성립해.

$$\alpha+\beta+\gamma+\delta=-\frac{b}{a}$$

$$\alpha\beta+\alpha\gamma+\alpha\delta+\beta\gamma+\beta\delta+\gamma\delta=\frac{c}{a}$$

$$\alpha\beta\gamma+\alpha\beta\delta+\alpha\gamma\delta+\beta\gamma\delta=-\frac{d}{a}$$

$$\alpha\beta\gamma\delta=\frac{e}{a}$$

이러한 규칙성은 방정식의 차수가 높아질수록 더 복잡해

지겠지만, 일반적으로 이러한 규칙은 계속 적용 가능할 것으로 예상되지. 이런 패턴을 이해하는 것은 수학적 문제 해결 능력을 키우고, 새로운 통찰력을 얻는 데 도움이 돼.

수학에 눈뜨는 순간 3

방정식의 두 가지 핵심 문제

첫 번째 문제에 대하여

정수 계수를 가진 방정식의 해는 항상 정수일까? 다시 말해서 정수 계수인 방정식을 풀 때 항상 해가 정수일까?

아니야. $6x^2+5x+1=0$의 해는 $-\frac{1}{2}$, $-\frac{1}{3}$이니까 정수가 아니지.

유리수 계수인 방정식을 풀 때 항상 해가 유리수일까?

그건 아니야. $x^2-\frac{x}{2}-1=0$의 해는 $x=\frac{1\pm\sqrt{17}}{4}$이니까

유리수가 아니지.

그러면 실수 계수인 방정식을 풀 때 항상 해가 실수일까? 아니야. $x^2+1=0$의 해는 $\pm i$이니까 실수가 아니지.

실수로는 모든 방정식의 해를 찾을 수 없어. 그렇다면 어떤 범위의 수를 계수로 가진 방정식이 항상 그 범위의 수로 표현되는 해를 가질까? 이에 대한 내용은 학교 수학에서 다루기 어려운 주제이지. 하지만 대학 수학을 이용하여 복소수 계수를 가진 방정식의 해가 항상 복소수인 것을 증명할 수 있어.

이를테면, (복소수)x^2+(복소수)x+(복소수)$=0$이면 이 방정식의 해도 복소수가 나온다구~

두 번째 문제에 대하여

이차방정식 $ax^2+bx+c=0$ (a, b, c는 유리수, $a\neq0$)은

근의 공식을 사용해서 해를 구할 수 있어.

$$x=\frac{-b\pm\sqrt{b^2-4ac}}{2a}$$

여기서 이차방정식의 근의 공식은 유리수끼리의 덧셈, 뺄셈, 곱셈, 나눗셈, 그리고 유리수의 제곱근만을 사용해.

그런데 삼차방정식에서도 유리수의 사칙연산(+, −, ×, ÷)과 유리수의 거듭제곱근만을 쓰는 근의 공식이 있을까? 그러면 그 공식으로 삼차방정식의 모든 해를 구할 수 있을까? 그리고 사차방정식은 어떨까? 5차 이상의 방정식은?

삼차방정식에서도 유리수의 사칙연산과 유리수의 거듭제곱근만을 사용한 근의 공식이 있어. 이것은 16세기에 밝혀진 사실이야. 사차방정식도 마찬가지로 근의 공식이 존재해. 그러나 19세기의 위대한 수학자 아벨과 갈루아에 의해 5차 이상 방정식의 모든 해를 유리수의 사칙연산과 유리수의 거듭제곱근만을 사용해서는 나타낼 수가 없다는 것이 증명되었어. 즉, 5차 이상 방정식에서는 근이 공식이 존재하지 않는 것이지.

이를 증명한 아벨과 갈루아는 매우 안타깝게도 매우 젊은 나이에 요절하였어. 그러나 그들의 업적은 매우 심오해. 특히 갈루아는 방정식의 근의 공식의 유무에 대한 조건을 당시에 태동하던 군 이론Group theory에 대한 개념과 연계시켰는데, 이는 서로 다른 수학 분야를 연결시켜 서로 만나게 한 수학 역사상 가장 아름답고 의미 깊은 만남 중 하나이지.

이야기 되돌아보기 3

허수

■ 고등 수학 1-1

제곱하여 -1이 되는 수를 기호 i로 나타내고, 이것을 허수단위라고 한다. 즉, $i^2=-1$이고, 제곱해서 -1이 되므로 $i=\sqrt{-1}$로 나타낸다.

복소수

■ 고등 수학 1-1

실수 a, b에 대하여 $a+bi$의 꼴로 나타내는 수를 복소수라고 하는데, 실수가 아닌 복소수를 허수라고 한다. 즉, 2는 실수이면서 복소수이고, $3i$는 허수이면서 복소수이고, $2+3i$는 복소수이다.

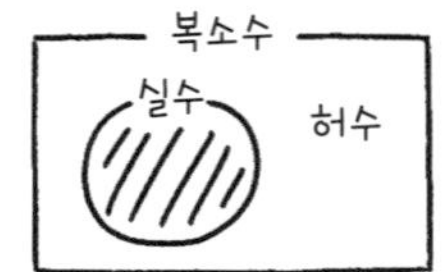

근의 판별

■ 고등 수학 1-1

x에 대한 이차방정식 $ax^2+bx+c=0$의 판별식을 D라 하면
$D=b^2-4ac$이고, $D=b^2-4ac>0$이면 서로 다른 두 실근을 갖고,
$D=b^2-4ac=0$이면 한 개의 근(중근)을 갖고,
$D=b^2-4ac<0$이면 서로 다른 두 허근을 갖는다.

방정식의 근과 계수의 관계

■ 고등 수학 1-1

- x에 대한 삼차방정식 $ax^3+bx^2+cx+d=0$의 세 근을 α, β, γ라고 하면

$$\alpha+\beta+\gamma=-\frac{b}{a}$$

$$\alpha\beta+\beta\gamma+\gamma\alpha=\frac{c}{a}$$

$$\alpha\beta\gamma=-\frac{d}{a}$$

- x에 대한 사차방정식 $ax^4+bx^3+cx^2+dx+e=0$의 네 근을 α, β, γ, δ라고 하면

$$\alpha+\beta+\gamma+\delta=-\frac{b}{a}$$

$$\alpha\beta+\alpha\gamma+\alpha\delta+\beta\gamma+\beta\delta+\gamma\delta=\frac{c}{a}$$

$$\alpha\beta\gamma+\beta\gamma\delta+\alpha\gamma\delta+\beta\delta\alpha=-\frac{d}{a}$$

$$\alpha\beta\gamma\delta=\frac{e}{a}$$

- x에 대한 n차 방정식의 근과 계수의 관계는(중복된 근은 서로 다른 것으로 취급해 계산한다.)

$$(\text{모든 근의 합})=-\frac{(n-1)\text{차 항의 계수}}{n\text{차 항의 계수}}$$

$$(\text{두 근씩 곱한 것의 합})=\frac{(n-2)\text{차 항의 계수}}{n\text{차 항의 계수}}$$

$$(\text{세 근씩 곱한 것의 합})=-\frac{(n-3)\text{차 항의 계수}}{n\text{차 항의 계수}}$$

$$\vdots$$

$$(\text{모든 근의 곱})=(-1)^n\times\frac{\text{상수항}}{n\text{차 항의 계수}}$$

방정식의 세계, 알고 보니 흥미롭지?
방정식을 내 것으로 만들고 나면,
문제를 분석하고 구조화하는 능력은 물론
문제 해결력까지 쑥쑥 자라게 될 거야!

감사의 말

이 책의 내용은 김선자 선생님의 인문학적인 통찰력과 감성에 큰 영감을 받았다. 이에 매우 감사한 마음을 전하며, 북이십일 강지은 님과 박강민 님의 훌륭한 기획과 마무리에도 깊은 고마움을 전한다. 또한 안혜진 선생님과 이수복 선생님의 세심한 교정과 실제 교육 현장에서 경험한 의미 있는 조언에 대해서도 깊은 감사를 표한다. 이와 함께 『이런 수학은 처음이야』 시리즈에 대한 독자 여러분의 따뜻한 성원과 격려에도 진심으로 감사드린다.

KI신서 11850

이런 수학은 처음이야 4

1판 1쇄 발행 2024년 04월 17일
1판 2쇄 발행 2024년 11월 11일

지은이 최영기
펴낸이 김영곤
펴낸곳 ㈜북이십일 21세기북스

서가명강팀장 강지은 **서가명강팀** 강효원 서윤아
디자인 THIS-COVER
출판마케팅팀 한충희 남정한 나은경 최명열 한경화
영업팀 변유경 김영남 강경남 황성진 김도연 권채영 전연우 최유성
제작팀 이영민 권경민

출판등록 2000년 5월 6일 제406-2003-061호
주소 (10881) 경기도 파주시 회동길 201(문발동)
대표전화 031-955-2100 **팩스** 031-955-2151 **이메일** book21@book21.co.kr

ISBN 979-11-7117-538-3 03410

마침내 내 삶에 수학이 들어오는 순간!

이토록 아름다운 수학이라면

내 인생의 X값을 찾아줄 감동의 수학 강의

저자는 "수학에는 감동이 있다!"라고 말한다. 완벽한 아름다움을 추구하는 수학을 배운다는 것은 우리의 눈을 더 행복한 곳으로 향하게 하는 하나의 방법이다. 이 책을 읽다 보면 우리가 수학을 싫어해야 할 이유는 어디에도 없다는 사실에 깜짝 놀라고 말 것이다.

최영기 지음 | 236쪽 | 17,000원

어린이를 위한 진짜 수학동화, 그 첫 번째 이야기

대장 수 뽑기 대소동

이런 수학동화는 처음이야 1

서울대 수학교육과 교수와 초등학교 교사가 함께 전하는 진짜 수학동화! 과연 0에서 9까지 수 중 누가 대장이 될까? 재미있는 수학동화를 읽고 나면, 아무것도 없는 표시인 것 같은 0의 중요한 역할과 한 자릿수와 두 자릿수에 대해 자연스럽게 이해하게 된다. 더불어 사람들이 생각하는 수 각각의 사회적 특성도 알게 된다.

최영기, 김선자 지음 | 영수 그림 | 80쪽 | 13,000원